第二版

網站擷取｜使用 Python

Web Scraping with Python

Collecting More Data from the Modern Web

Second Edition

Ryan Mitchell 著

楊尊一 譯

O'REILLY®

目錄

前言 .... **ix**

第一部 建構擷取程序

第一章 你的第一個擷取程序 **3**

連線 3

BeautifulSoup 簡介 5

安裝 BeautifulSoup 6

執行 BeautifulSoup 8

連線的可靠性與例外處理 10

第二章 進階 HTML 解析 **13**

不總是需要錘子 13

BeautifulSoup 的其他用法 14

BeautifulSoup 的 find() 與 find_all() 16

其他 BeautifulSoup 物件 18

走訪樹 18

正規表示式 22

正規表示式與 BeautifulSoup 26

存取屬性 27

Lambda 表示式 28

第三章 **撰寫網站爬行程序 29**

遍歷單一網域 29

爬整個網站 33

跨整個網站搜集資料 35

跨網際網路爬行 37

第四章 **網站爬行模型 43**

規劃與定義物件 44

處理不同網站的佈局 47

建構爬行程序 51

透過搜尋爬網站 52

透過連結爬行網站 55

爬行多種網頁型別 57

思考網站爬行程序模型 59

第五章 **Scrapy 61**

安裝 Scrapy 61

Spider 初始化 62

撰寫一個簡單的擷取程序 63

爬行規則 64

建構項目 68

輸出項目 70

項目 pipeline 71

以 Scrapy 記錄 74

更多資源 74

第六章 **儲存資料 75**

媒體檔案 75

儲存資料到 CSV 78

MySQL 80

安裝 MySQL 80

一些基本命令 83

與 Python 整合 85

資料庫技術與實務 88
MySQL 中的六度分離 90
電子郵件 93

第二部 儲存資料

第七章 讀取文件 97
文件編碼 97
文字 98
文字編碼與全球網路 98
CSV 102
讀取 CSV 檔案 102
PDF 104
Microsoft Word 與 .docx 106

第八章 清理髒資料 111
程式中的清理 111
資料正規化 114
事後清理 116
OpenRefine 116

第九章 讀寫自然語言 121
歸納資料 122
Markov 模型 125
維基六度分離：結論 128
自然語言工具組 130
安裝與設定 131
NLTK 與統計分析 132
NLTK 與語意分析 134
其他資源 137

第十章　表單與登入 139

Requests 函式庫 139

提交表單 140

單選、複選與其他輸入 141

提交檔案與圖檔 143

處理登入與 cookie 143

HTTP 的基本存取驗證 145

其他表單問題 146

第十一章　與擷取相關的 JavaScript 147

JavaScript 簡介 147

常見 JavaScript 函式庫 149

Ajax 與動態 HTML 151

在 Python 中使用 Selenium 執行 JavaScript 152

其他 Selenium WebDriver 157

處理重新導向 157

JavaScript 注意事項 159

第十二章　透過 API 爬行 161

API 簡介 161

HTTP 方法與 API 163

API 的回應 164

解析 JSON 165

沒有文件的 API 166

找出無文件 API 168

無文件 API 的文件 169

自動化尋找 API 與寫文件 169

結合 API 與其他資料來源 172

其他 API 資訊 176

第十三章　影像處理與文字辨識 177

函式庫概觀 177

Pillow 178

Tesseract 178

NumPy 180
處理格式良好的文字 181
自動調整圖形 184
擷取網站圖片上的文字 186
讀取 CAPTCHA 與訓練 Tesseract 189
訓練 Tesseract 191
擷取 CAPTCHA 與提交答案 194

第十四章 避開擷取陷阱 197

關於道德問題 197
看起來像個人 198
調整標頭 198
以 JavaScript 處理 cookie 200
時機很重要 202
常見表單安全功能 202
隱藏輸入欄位值 202
避開陷阱 203
判斷項目清單 205

第十五章 以爬行程序測試你的網站 207

測試簡介 207
單元測試是什麼？ 207
Python 的 unittest 208
測試維基 210
以 Selenium 進行測試 213
與網站互動 213
螢幕截圖 216
unittest 或 Selenium ？ 216

第十六章 平行擷取網站 219

行程與執行緒 219
多執行緒爬行 220
競爭狀況與佇列 222
threading 模組 225

多行程爬行 227
多行程爬行 229
行程間的通訊 231
多行程爬行——另一種方式 233

第十七章 遠端擷取 235
為何使用遠端伺服器？ 235
避免 IP 位址被阻擋 235
可攜性與可擴充性 236
Tor 236
PySocks 237
虛擬主機 238
從虛擬主機執行 238
從雲端執行 239
其他資源 240

第十八章 網站擷取的法規與道德 241
商標、著作權、專利 241
著作權法 242
侵佔 243
電腦欺詐和濫用法 245
robots.txt 與服務條款 245
三個案例 248
eBay 對 Bidder's Edge 與侵佔 248
美國政府控告 Auernheimer 與電腦欺詐和濫用法案 249
Field 對 Google：著作權與 robots.txt 251
前進 251

索引 253

前言

程式設計對不具備此技能的人是某種魔術。若程式設計是魔術，那麼**網站擷取**是一種魔法：特別實用的應用程式 - 且不花什麼功夫 - 的功能。

我在擔任軟體工程師的日子中發現少有像網站擷取一樣有趣。無論做個多少次，撰寫簡單的程式將搜集到的資料輸出到螢幕或儲存進資料庫總是很有趣。

不幸的是，很多程式設計師在討論到網站擷取時都有誤解。有些人不確定它是否合法（確實合法），或不知道如何處理很多 JavaScript 的網頁。許多人搞不清楚如何進行網站擷取專案或從哪裡找資料。這本書嘗試解決網站擷取的常見問題與誤解並提供常見網站擷取任務的指南。

網站擷取經常發生變化，我嘗試提供高階概念與你可能會遇到的資料搜集實務範例。本書程式範例展示這些概念並能讓你自己嘗試。範例程式可自由使用（最好能提及出處）。程式範例可從 GitHub（*http://www.pythonscraping.com/code/*）檢視與下載。

網站擷取是什麼？

從網際網路自動搜集資料的歷史幾乎與網際網路同齡。雖然**網站擷取**不是新名詞，但這種動作過去有時被稱為**螢幕擷取**、**資料挖礦**、**網路收割**等。現在似乎都偏好使用**網站擷取**，因此本書也採用這一詞，但我也偏向將遍歷多個網頁的程式稱為**網站爬行程序**或**機器人**。

理論上，網站擷取是除透過 API（或人透過瀏覽器）外以各種方法搜集資料。這通常由自動化程式查詢網站伺服器、請求資料（HTML 形式以及其他組成網頁的檔案）、然後解析資料以取出所需資訊。

實務上，網站擷取由各種程式設計技巧與技術組成，例如資料分析、自然語言解析與資訊安全等。由於範圍很大，這本書在第一部涵蓋基本網站擷取與爬行並在第二部深入進階主題。建議所有讀者仔細研讀第一部並在有需要時深入第二部特定內容。

為什麼要擷取網站？

如果只能透過瀏覽器存取網際網路，則你少了很多可能。雖然瀏覽器能執行 JavaScript、顯示圖像、以人類易讀的方式排列內容，網站擷取擅長搜集與處理大量資料。相較於從電腦螢幕檢視一頁，你可以瀏覽包含萬千網頁的資料庫。

此外，網站擷取程序可做傳統搜尋引擎做不到的事。Google 搜尋“波士頓便宜機票”會顯示很多廣告與旅行社網站。Google 只知道這些網站上網頁的內容而不是各種航班查詢結果。但一個寫好的網站擷取程序可顯示多個網站上各種時段到波士頓的航班，並告訴你最好的時段。

你可能會問：“API 不就是做這個嗎？”（API 見第 12 章）。是的，API 很棒，如果剛好符合你的需求的話。它們提供電腦程式間格式化資料的交換。你可以找到各種資料的 API，例如 Twitter 發文或 Wikipedia 網頁。一般來說，有 API（如果有）比建構機器人去取得相同資料更好。但 API 可能不存在或不符你的需求：

- 你想從大量沒有相應 API 的網站中搜集特定資料。
- 你需要的資料量很獨特且對方沒有想到要提供 API。
- 資料來源沒有能力提供 API。
- 有價值的資料被保護且不打算大量傳播。

就算有 API，但可能資料量受限或格式不符你的需求。

這個時候就需要網站擷取。除了少數例外，你可以用瀏覽器看到的資料都可以透過 Python 腳本存取。若可以透過腳本存取，則可以將它儲存在資料庫中。若能夠存在資料庫，可以對資料做任何事。

有很多特定應用程式可存取各種資料：市場預測、語言翻譯甚至是醫療也可以從分析新聞網站、翻譯文字與健康論壇的資料中獲益。

就算是藝術，網站擷取也開啟新的創作方式。"We Feel Fine"（*http://wefeelfine.org/*）計劃從各種英文部落格網站擷取"I feel"或"I am feeling"開頭的句子產生資料圖表來描述每時每刻全世界的感受。

無論是什麼領域，網站擷取都能提供某種生意指引、改善生產力、甚或產生全新的領域。

關於本書

這本書不只介紹網站擷取，還包含從不合作來源搜集、轉換與使用資料的指南。雖然使用的是 Python 程式設計語言並包含基本介紹，但不應作為此語言的入門。

若你完全不懂 Python，這本書可能很難消化。不要用這本書學 Python。我盡量保持概念與範例的簡單以讓各種程度的讀者都能夠吸收。厲害的讀者可以跳過進階 Python 程式設計與一般電腦科學主題的解釋部分！

更詳盡的 Python 資源可見 Bill Lubanovic 所著的《*精通 Python*》（歐萊禮）。時間不多的人可參考 Jessica McKellar 的 Introduction to Python 系列影片（歐萊禮）。我也喜歡 Allen Downey 的《*Think Python：學習程式設計的思考概念*》（歐萊禮），這本書特別適合程式設計新人，其內容是以 Python 語言介紹電腦科學與軟體工程概念。

專業書籍通常專注於單一語言或技術，但網站擷取是範圍很廣的題目，需要碰到資料庫、網頁伺服器、HTTP、HTML、網際網路安全、圖像處理、資料科學與其他工具。本書嘗試從"資料搜集"方面涵蓋所有內容。本書不應作為個別主題的完整教材，但我認為已經涵蓋足夠讓你起步的細節！

第一部包含網站擷取與網路爬行並深入本書用到的幾個函式庫。第一部可作為這些函式庫與技術的詳細參考（特定部分會提供其他參考），在這部分討論的技巧對撰寫網站擷取程序很實用。

第二部包含撰寫網站擷取程序時可能會有用的其他主題。這些主題太廣泛，因此會列出其他資源供參考。

本書結構讓你容易在章節中找尋所需的資訊。當某個概念或程式需要依賴前面的內容時，我會不厭其煩的特別標示出來。

本書編排慣例

本書使用下列格式體裁：

斜體字（*Italic*）
　代表新出現的術語、URL、電子郵件地址、檔案名稱，以及延伸檔名。

定寬字（`Constant width`）
　用於表示程式碼，或文章段落中的程式組成元素，例如變數或函式名稱、資料庫、資料型別、環境變數、述句與關鍵字。

定寬粗體字（**`Constant width bold`**）
　用於由讀者鍵入的命令或文字。

定寬斜體字（*`Constant width italic`*）
　顯示應以使用者所提供的值取代或是由上下文所決定的文字。

此圖示代表小技巧或建議。

此圖示代表一般註解。

此圖示代表警告或注意事項。

使用程式範例

補充資料（程式範例、習題等等）可以到 "*https://github.com/REMitchell/python-scraping.*" 下載。

這本書是來幫您完成工作的。一般來說，這本書提供的範例程式，您可以用在您自己的程式或是文件裡。您不需要先聯絡我們取得授權，除非您打算重製很大一部分的程式碼。舉例來說，您寫了一個程式，裡面引用了幾段本書提供的範例程式，這種狀況不需要詢問授權。但是販賣或發送裝滿歐萊禮書籍範例程式的 CD-ROM 就確實需要先取得授權了。回答問題時提到這本書或是引用一段範例程式碼的時候，不必先問授權。而把這本書大部分範例程式寫到您的產品文件裡，則需要先取得授權。

如果您引用時願意標明出處的話，筆者會十分感謝，但我們並不要求這麼做。標示出處的時候通常包含標題、作者、出版社與 ISBN。比如說：「《*Web Scraping with Python*》by Ryan Mitchell (O'Reilly). Copyright 2015 Ryan Mitchell, 978-1-491-91029-0.」。

如果您覺得您運用範例程式的方式可能會超過這邊描述的合理使用範圍，可以先寫信問我們： HYPERLINK "*mailto:permissions@oreilly.com*" "*permissions@oreilly.com*"。

致謝

沒有別人的幫助就不會有這本書。感謝歐萊禮的員工；感謝朋友與家人；感謝 HedgeServ 的同事。

特別感謝 Allyson MacDonald、Brian Anderson、Miguel Grinberg、Eric VanWyk 的回饋與指導。有些章節與範例程式直接來自他們的啟發。

感謝 Yale Specht 過去四年兩個版本的耐心、鼓勵與回饋。沒有他，這本書只會花一半時間撰寫但毫無用處。

最後要感謝 Jim Waldo 寄了 The Art and Science of C 給一個年輕人，才開始了整件事情。

第一部

建構擷取程序

第一部專注於網站擷取的基本機制：使用 Python 從網頁伺服器請求資訊、處理伺服器回應，以及與網站互動的自動化。你將會學習如何建置可跨越網域搜集並儲存資料的擷取程序。

老實說，擷取網站是小投資大回報的領域。90% 的擷取專案可能只需動用到接下來六章所討論的技術。第一部涵蓋大部分人（懂技術的人）所知道的“網站擷取程序”：

- 從域名取得 HTML 資料
- 解析所需資料
- 儲存資訊
- 或許移動到其他頁重複此程序

這會在前進到第二部之前為你打好基礎。不要以為第一部的主題就比第二部的進階主題較不重要。撰寫網站擷取程序時你會需要第一部的所有資訊！

第一章

你的第一個擷取程序

開始寫網站擷取程序時就會知道瀏覽器幫你做了多少事情。沒有了 HTML 的格式、CSS 的樣式、JavaScript 的功能，網站乍看之下很可怕，但這一章與下一章會討論如何在沒有瀏覽器的幫助下解析與排列資料。

這一章從基本的發送 GET 請求（請求取得網頁內容）開始，然後執行簡單的資料擷取以抽取你所需的內容。

連線

如果沒有研究過網路或網路安全，你可能看不懂網際網路的機制。你未曾想要知道打開瀏覽器輸入 *http://google.com* 時網路如何運作，你也無需知道。事實上，我認為網路界面很棒的一點是，大部分網路使用者不需要知道它是如何運作的。

但網站擷取必須要深入這個界面——不只是瀏覽器的層次（如何解析 HTML、CSS、JavaScript），還要深入網路連線。

為理解瀏覽器取得資訊所需的基礎建設，讓我們看個例子。Alice 有個網頁伺服器。Bob 使用電腦嘗試連線 Alice 的伺服器。一台電腦想要與另一台電腦交談時會發生下列動作：

1. Bob 的電腦發送一系列的 0 與 1，實際上是網路線上的電壓起伏。這些位元組成某種資訊，含有標頭（header）與內文（body）。標頭帶有本地（local）路由器（router）的 MAC 地址與 Alice 的 IP 地址。內文帶有向 Alice 的伺服器發出的請求（request）。

2. Bob 的本地路由器接收這些 0 與 1 並解譯成帶有 Bob 自己的 MAC 地址與 Alice 的 IP 地址的封包（packet）。他的路由器在封包加上自己的 IP 地址作為 “from” 的 IP 地址並從網路發送出去。
3. Bob 的封包經由實體線路穿越網路上的伺服器到達 Alice 的伺服器。
4. Alice 的伺服器以她的 IP 地址接收到該封包。
5. Alice 的伺服器讀取封包標頭的埠（port）位址並傳給對應的應用程式——網頁伺服器應用程式（網頁伺服器的封包埠號通常是 80；它可以視為封包資料的門牌號碼，而 IP 地址是街道名稱）。
6. 網頁伺服器應用程式接收伺服器處理程序的資料流（stream）。資料帶有類似下列訊息：

   - 這是個 GET 請求。

   - 請求的是這個檔案：index.html。
7. 網頁伺服器找出正確的 HTML 檔案，將它包裝成封包透過本地的路由器以相同程序寄回 Bob 的電腦。

好了！這就是網際網路。

這個過程中瀏覽器參與什麼工作？完全沒有。事實上，以 1990 年代出現的 Nexus 來說，瀏覽器是網際網路上相對新的發明。

沒錯，瀏覽器是建構這些資訊封包、告訴作業系統送出封包、將取得的資料解譯成圖像、聲音、影片、文字的應用程式，但瀏覽器只是程式碼，而此程式碼能執行你的要求。瀏覽器能要求處理器發送資料給處理無線（或有線）界面的應用程式，但你也能以幾行 Python 程式做到同樣的事情：

```
from urllib.request import urlopen

html = urlopen('http://pythonscraping.com/pages/page1.html')
print(html.read())
```

你可以使用 GitHub 程式庫（*https://github.com/REMitchell/python-scraping/blob/master/Chapter01_BeginningToScrape.ipynb*）上的 iPython 執行，或儲存成 scrapetest.py 並在命令列中以下列命令執行：

```
$ python scrapetest.py
```

請注意，若電腦上還有安裝 Python 2.x 版本，就必須明確的以下列命令呼叫 Python 3.x 版本：

```
$ python3 scrapetest.py
```

這個命令輸出 *http://pythonscraping.com/pages/page1.html* 的完整 HTML。更精確的說法是輸出 *http://pythonscraping.com* 網域上的伺服器 *<web root>/pages* 目錄下的 *page1.html* 這個 HTML 檔案。

為何將這些地址視為"檔案"而非"網頁"很重要？大部分網頁都有很多相關的資源檔案，包括圖像檔案、JavaScript 檔案、CSS 檔案與請求網頁內連結的其他內容。瀏覽器遇到 `<img src="cuteKitten.jpg">` 這樣的標籤（tag）時，瀏覽器知道要發出另一個請求給伺服器以取得 *cuteKitten.jpg* 檔案的資料以完整繪製網頁。

當然，你的 Python 腳本（目前）沒有再取得其他檔案的功能；它只能讀取你請求的單一 HTML 檔案。

```
from urllib.request import urlopen
```

這一行的意思是：找出 request 這個 Python 模組（在 *urllib* 函式庫中）並只匯入 `urlopen` 這個功能。

urllib 是 Python 標準函式庫（表示你無需另行安裝其他東西），內含從網路請求資料、處理 cookie、處理標頭與 user agent 等 metadata 的功能。本書大量使用 urllib，因此建議閱讀此 Python 函式庫的文件（*https://docs.python.org/3/library/urllib.html*）。

`urlopen` 用於打開跨網路的遠端物件並讀取。由於是通用的功能（可讀取 HTML 檔案、影像檔案、或其他檔案），本書會經常用到它。

BeautifulSoup 簡介

Beautiful Soup, so rich and green,
Waiting in a hot tureen!
Who for such dainties would not stoop?
Soup of the evening, beautiful Soup!

BeautifulSoup 函式庫以**愛麗絲夢遊仙境**中的一首詩命名，故事中此詩由 Mock Turtle 吟誦（與維多利亞時代以牛而非龜作為材料的 Mock Turtle Soup 雙關語）。

如同夢遊仙境，*BeautifulSoup* 試著讓無厘頭有道理；它矯正不良 HTML 的一團亂以產生 XML 結構的 Python 物件。

安裝 BeautifulSoup

由於 *BeautifulSoup* 不是 Python 預設的函式庫，必須要另外安裝。如果你會安裝 Python 函式庫，可以略過這一段到下一節 "安裝 BeautifulSoup"。

不會（或忘記如何）安裝 Python 函式庫的人，以下的方法可安裝多個函式庫，因此可供後續參考。

本書使用 BeautifulSoup 4 函式庫（又稱為 BS4）。完整 BeautifulSoup 4 安裝說明見 Crummy.com（*http://www.crummy.com/software/BeautifulSoup/bs4/doc/*）；Linux 上的基本安裝方法如下：

```
$ sudo apt-get install python-bs4
```

Mac 的安裝：

```
$ sudo easy_install pip
```

這會安裝 Python 套件管理員 *pip*。然後執行安裝命令：

```
$ pip install beautifulsoup4
```

再重複一次，若電腦上同時安裝了 Python 2.x 與 3.x，你必須明確的呼叫 `python3`：

```
$ python3 myScript.py
```

安裝套件時也要這麼做，不然套件可能會裝在 Python 2.x 而非 Python 3.x 下：

```
$ sudo python3 setup.py install
```

如果使用 pip，你也可以呼叫 `pip3` 來安裝 Python 3.x 的套件：

```
$ pip3 install beautifulsoup4
```

Windows 上的安裝與 Mac 以及 Linux 差不多。從下載網頁（*http://www.crummy.com/software/BeautifulSoup/#Download*）下載最新版 BeautifulSoup 4，解壓縮後執行：

```
> python setup.py install
```

BeautifulSoup 會在電腦上被識別為 Python 函式庫。你可以從 Python 命令列開啟並匯入以進行測試：

```
$ python
> from bs4 import BeautifulSoup
```

匯入動作應該會完成且沒有錯誤。

此外，Windows 上有個 *.exe* 版本的 pip 安裝程式（*https://pypi.python.org/pypi/setuptools*），所以你可以輕鬆的安裝與管理套件：

```
> pip install beautifulsoup4
```

以虛擬環境保持函式庫的整潔

若同時進行多個 Python 專案，或需要包裝專案與相關函式庫，或擔心函式庫的安裝衝突，你可以安裝 Python 虛擬環境以方便管理。

沒有虛擬環境下安裝 Python 函式庫是**全域**安裝，通常必須由管理員或 root 進行，且 Python 函式庫可供該電腦上的每個使用者與專案使用。虛擬環境的安裝很

簡單：

```
$ virtualenv scrapingEnv
```

啟動並使用稱為 scrapingEnv 的新環境：

```
$ cd scrapingEnv/
$ source bin/activate
```

啟動此環境後，你會在命令列提示看到環境名稱以提醒你目前的工作環境。接下來安裝的函式庫或執行的腳本都只在這個環境下。

在新啟用的 `scrapingEnv` 環境下，你可以安裝與使用 BeautifulSoup；例如：

```
(scrapingEnv)ryan$ pip install beautifulsoup4
(scrapingEnv)ryan$ python
> from bs4 import BeautifulSoup
>
```

你也可以使用 `deactivate` 命令離開環境，於是你不再能存取此虛擬環境下安裝的任何函式庫：

```
(scrapingEnv)ryan$ deactivate
ryan$ python
> from bs4 import BeautifulSoup
Traceback (most recent call last):
  File "<stdin>", line 1, in <module>
ImportError: No module named 'bs4'
```

> 分離專案的函式庫也方便將整個環境目錄壓縮寄給別人。只要他們也在電腦上安裝相同版本的 Python，你的程式就可以在此環境中運行而無需他們另外安裝任何函式庫。
>
> 雖然本書的範例沒有指導你使用虛擬環境，但你可以事先啟用虛擬環境。

執行 BeautifulSoup

BeautifulSoup 函式庫中最常用的物件是 BeautifulSoup 物件。讓我們修改前面的範例來看看它的運作：

```
from urllib.request import urlopen
from bs4 import BeautifulSoup

html = urlopen('http://www.pythonscraping.com/pages/page1.html')
bs = BeautifulSoup(html.read(), 'html.parser')
print(bs.h1)
```

其輸出如下：

```
<h1>An Interesting Title</h1>
```

請注意，它只回傳網頁中的第一個 h1 標籤。習慣上，一頁應該只有一個 h1 標籤，但網路經常打破習慣，因此應該要注意它只會讀取第一個標籤，而不一定是你要的那一個。

前面的網站擷取範例匯入 urlopen 函式並呼叫 html.read() 以取得網頁的 HTML 內容。除了文字外，BeautifulSoup 也可以直接使用 urlopen 回傳的檔案物件而無需先呼叫 .read()：

```
bs = BeautifulSoup(html, 'html.parser')
```

然後 HTML 內容被轉換成具有以下結構的 BeautifulSoup 物件：

- **html** → <html><head>...</head><body>...</body></html>
  - — **head** → *<head><title>A Useful Page<title></head>*
    - — **title** → *<title>A Useful Page</title>*
  - — **body** → *<body><h1>An Int...</h1><div>Lorem ip...</div></body>*
    - — **h1** → *<h1>An Interesting Title</h1>*
    - — **div** → *<div>Lorem Ipsum dolor...</div>*

請注意，你從網頁擷取出的 h1 標籤是埋在 BeautifulSoup 物件兩層套疊內（html → body → h1），但要從物件中取得時是直接呼叫此 h1 標籤：

```
bs.h1
```

事實上，下列函式的呼叫都會產生相同的輸出：

```
bs.html.body.h1
bs.body.h1
bs.html.h1
```

建構 BeautifulSoup 物件時要傳入兩個參數：

```
bs = BeautifulSoup(html.read(), 'html.parser')
```

第一個是物件的 HTML 文字，第二個是你指定 BeautifulSoup 用於建構物件的解析程序。大部分情況下，用什麼解析程序沒差。

html.parser 是 Python 3 內含的解析程序，無需另行安裝。除非有另外要求，否則本書使用這個解析程序。

另一個常見的解析程序是 lxml（*http://lxml.de/parsing.html*）。它可以透過 pip 安裝：

```
$ pip3 install lxml
```

lxml 可透過更改解析程序參數而用於 BeautifulSoup：

```
bs = BeautifulSoup(html.read(), 'lxml')
```

lxml 比 html.parser 更好的一點是比較能處理 "雜亂" 或格式錯亂的 HTML。它能應付沒有關閉的標籤、套疊順序錯誤的標籤與沒有頭或身體的標籤。它比 html.parser 稍快，但速度快對網站擷取不一定有好處，因為網路速度通常才是瓶頸。

lxml 的缺點是必須另行安裝並相依第三方的 C 函式庫，這會導致可攜性與易用性的問題。

另一個常見的 HTML 解析程序是 html5lib。如同 lxml，html5lib 非常擅長處理糟糕的 HTML。它也有相依性問題，且較 lxml 與 html.parser 慢。除此之外，對付雜亂或手工打造的 HTML 網站時它也是個好選擇。

它可用於 BeautifulSoup 物件：

```
bs = BeautifulSoup(html.read(), 'html5lib')
```

希望以上說明能讓你了解 *BeautifulSoup* 函式庫的能力。只要有標籤在前後包圍，幾乎所有東西都可以從任何 HTML（或 XML）檔案中擷取。第 2 章會深入討論 BeautifulSoup 的函式與正規表示式以及如何用於 `BeautifulSoup`。

連線的可靠性與例外處理

網路亂七八糟，資料格式不良、網站當機、標籤沒有關閉。網站擷取最糟糕的體驗是執行擷取程序希望隔天都存到資料庫中——然後發現擷取程序因為遇到資料格式錯誤而很早的停止執行。在這種情況下，你可能會問候該網站開發者的長輩，但你應該怪的是你自己沒有預料到這個問題！

讓我們檢視此擷取程序匯入命令後的第一行程式並找出如何處理可能拋出的例外：

```
html = urlopen('http://www.pythonscraping.com/pages/page1.html')
```

這一行可能發生兩種主要的問題：

- 在伺服器上找不到這個網頁（或讀取有錯誤）
- 找不到伺服器

第一種狀況會回傳 HTTP 錯誤，可能是“404 PageNot Found”或“500 Internal Server Error”等。在這些情況下，`urlopen` 函式會拋出 `HTTPError` 例外。你可以如下處理這種例外：

```
from urllib.request import urlopen
from urllib.error import HTTPError

try:
    html = urlopen('http://www.pythonscraping.com/pages/page1.html')
except HTTPError as e:
    print(e)
    # 回傳 null、中斷、或執行“B 計劃”
else:
    # 程式繼續。注意：若返回或因例外
    # 中斷則無需使用“else”陳述
```

若回傳 HTTP 錯誤碼，程式會輸出錯誤且不會執行 `else` 陳述下面的其餘程式。

若找不到伺服器（例如 *http://www.pythonscraping.com* 關機或 URL 輸入錯誤），`urlopen` 會拋出 `URLError`。這表示找不到伺服器，且由於是遠端伺服器負責回傳 HTTP 狀態碼，`HTTPError` 不會被拋出，所以會捕捉到更嚴重的 `URLError`。你可以檢查是否為這種情況：

```
from urllib.request import urlopen
from urllib.error import HTTPError
from urllib.error import URLError

try:
    html = urlopen('https://pythonscrapingthisurldoesnotexist.com')
except HTTPError as e:
    print(e)
except URLError as e:
    print('The server could not be found!')
else:
    print('It Worked!')
```

當然，若成功從伺服器取得網頁，內容還是有可能不是你所預期的。每次成功存取 BeautifulSoup 物件中的一個標籤，最好要檢查以確定標籤確實存在。若嘗試存取不存在的標籤，BeautifulSoup 會回傳 None 物件。問題是，嘗試存取 None 物件上的標籤會拋出 AttributeError。

下面這一行（nonExistentTag 是個標籤而非 BeautifulSoup 的函式）

```
print(bs.nonExistentTag)
```

回傳 None 物件。此物件可處理與檢查。若不檢查而如下嘗試對此 None 物件呼叫其他函式：

```
print(bs.nonExistentTag.someTag)
```

這會回傳一個例外：

```
AttributeError: 'NoneType' object has no attribute 'someTag'
```

所以要如何防止這兩種狀況？最簡單的方法是明確的檢查：

```
try:
    badContent = bs.nonExistingTag.anotherTag
except AttributeError as e:
    print('Tag was not found')
else:
    if badContent == None:
        print ('Tag was not found')
    else:
        print(badContent)
```

檢查並處理每個錯誤乍看之下很麻煩，但這個程式很容易重新安排成比較好寫的方式（更重要的是比較好讀）。舉例來說，下面的程式以稍微不同的方式撰寫：

```
from urllib.request import urlopen
from urllib.error import HTTPError
from bs4 import BeautifulSoup

def getTitle(url):
    try:
        html = urlopen(url)
    except HTTPError as e:
        return None
    try:
        bs = BeautifulSoup(html.read(), 'html.parser')
        title = bs.body.h1
    except AttributeError as e:
        return None
    return title

title = getTitle('http://www.pythonscraping.com/pages/page1.html')
if title == None:
    print('Title could not be found')
else:
    print(title)
```

此例建構一個 **getTitle** 函式，回傳網頁標題或讀取有問題時回傳 None 物件。在 **getTitle** 中，你如同前面的例子一樣檢查 HTTPError 並將兩行 BeautifulSoup 包圍在一個 **try** 陳述中。兩者其中之一可能會拋出 AttributeError（伺服器不存在、**html** 是個 None 物件、**html.read()** 都可能拋出 AttributeError）。事實上，你可以在 **try** 陳述中包圍可能會拋出 AttributeError 的多行程式或呼叫其他函式。

撰寫擷取程序時，同時思考處理例外與可讀性的整體模式很重要。你也可能想要撰寫可重複使用的程式。類似 **getSiteHTML** 與 **getTitle** 的通用函式（具有例外處理）使網站擷取能夠很快──以及可靠──的完成。

第二章

進階 HTML 解析

米開朗基羅被問到他是如何做出**大衛像**這樣的傑作時，他回答："很簡單，把石頭上不像大衛的地方去掉啊"。

雖然網站擷取不像雕塑大理石，但從複雜的網頁擷取資訊時你必須採取類似的態度。你可以使用各種技巧去除不要的內容，直到剩下你要的資訊為止。這一章討論解析複雜的 HTML 網頁以擷取你所需的資訊。

不總是需要鍾子

遇到複雜的標籤時很容易打算以多行程式強行擷取你要的資訊。但要記得無腦使用技巧可能導致程式難以除錯或很脆弱。開始前，讓我們先檢視一些可以避免動用進階 HTML 解析的方法！

假設你有一些目標內容，可能是名稱、統計、或一段文字。它可能埋在 20 層標籤中而沒有適合的標籤或 HTML 屬性可供搜尋。假設你寫出下面這一行程式嘗試擷取資料：

```
bs.find_all('table')[4].find_all('tr')[2].find('td').find_all('div')[1].find('a')
```

看起來不是很好。除了程式不漂亮外，網站最簡單的改變都會使你的擷取程序完全失效。若此網站的開發者決定要加入另一個表格或另一欄呢？若此開發者在網頁上面加入其他元件（與幾個 div 標籤）呢？上面這一行程式依靠網頁不會改變。

所以有什麼選擇呢？

- 尋找“列印此頁”連結或格式比較好的行動版 HTML（將自己偽裝成行動裝置——並接收行動版本網頁——的做法見第 14 章）。
- 尋找隱藏在 JavaScript 檔案中的資訊。要記得你必須檢查匯入的 JavaScript 檔案才能這麼做。舉例來說，我曾經從 Google Map 網站的 JavaScript 中找到街道地址陣列。
- 對網頁標頭來說，網頁本身的 URL 經常就有此資訊。
- 如果你要找的資訊只有該網站才有就悲劇了。如果不是，嘗試想想還有沒有其他來源。其他網站有相同資訊嗎？該網站顯示的資料是否來自其他網站？

特別是遇到格式很糟糕的資料時，不要立即陷進去而無法自拔。深呼吸並思考替代方案。

若不確定有沒有替代方案，接下來的內容說明根據標籤的位置、內容、屬性、前後文選取的標準做法。正確的使用這些技術可寫出更可靠與穩定的網站爬行程序。

BeautifulSoup 的其他用法

第 1 章快速的看過 BeautifulSoup 的安裝與執行以及選取一個物件。這一節討論以屬性搜尋標籤、操作多個標籤與穿越解析樹。

幾乎每個網站都有樣式表。雖然你可能認為針對瀏覽器與人類的樣式表不是好事，但 CSS 對網站擷取程序是個福音。CSS 以 HTML 元素間的差別讓它們套用不同的樣式。有些標籤可能像這樣：

```
<span class="green"></span>
```

其他像這樣：

```
<span class="red"></span>
```

網站擷取程序可根據類別分辨這兩個標籤；舉例來說，它們可使用 BeautifulSoup 抓所有紅色文字而排除綠色文字。由於 CSS 依靠這些屬性來套用樣式，你幾乎可以確定新式網站充滿著這些類別與 ID 屬性。

讓我們建構一個擷取 *http://www.pythonscraping.com/pages/warandpeace.html* 的網站擷取程序範例。

在這一頁中，角色說出的話是紅色，角色名稱是綠色。下面的網頁原始碼中你可以看到 span 標籤有 CSS 的類別：

```
<span class="red">Heavens! what a virulent attack!</span> replied
<span class="green">the prince</span>, not in the least disconcerted
by this reception.
```

你可以用類似第 1 章的程式來抓取整個網頁並建構 BeautifulSoup 物件：

```
from urllib.request import urlopen
from bs4 import BeautifulSoup

html = urlopen('http://www.pythonscraping.com/pages/page1.html')
bs = BeautifulSoup(html.read(), 'html.parser')
```

你可以使用 BeautifulSoup 的 find_all 函式擷取 <span class="green"></span> 標籤內的文字組成 Python 清單（find_all 是非常有彈性的函式，接下來會經常用到）：

```
nameList = bs.findAll('span', {'class':'green'})
for name in nameList:
    print(name.get_text())
```

執行後它應該會以出現的順序列出所有名稱文字。發生了什麼事？之前我們呼叫 bs.tagName 取得網頁上第一個這個標籤。現在我們呼叫 bs.find_all(tagName, tagAttributes) 取得網頁上所有這個標籤的清單而不是只有第一個。

取得名稱清單後，程式迭代清單中的所有名稱並輸出 name.get_text() 以從內容分離出此標籤。

使用 *get_text()* 與保存標籤的時機

.get_text() 從文件中抽出標籤且只回傳文字的 Unicode 字串。舉例來說，若操作帶有許多超連結、圖片與其他標籤的一大段文字，這些東西都會被抽離而只剩下無標籤的一段文字。

要記得從 BeautifulSoup 物件找出東西比從一段文字中找簡單。呼叫 .get_text() 應該是輸出、儲存或操作最終資料前最後的手段。一般來說，你應該盡可能保存文件的標籤結構。

BeautifulSoup 的 find() 與 find_all()

BeautifulSoup 的 find() 與 find_all() 是你最常用的兩個函式。你可以用它們過濾 HTML 網頁以根據不同屬性找出所需的全部或單一標籤。

這兩個函式很像，從 BeautifulSoup 的定義文件中可以看得出來：

```
find_all(tag, attributes, recursive, text, limit, keywords)
find(tag, attributes, recursive, text, keywords)
```

95% 的情況下你只需要前面兩個參數：tag 與 attribute。但我們還是深入檢視所有參數。

你之前已經看過 tag 參數；你可以傳入標籤的字串名稱或字串名稱的 Python 清單。舉例來說，下面的程式回傳文件中所有標頭標籤：[1]

```
.find_all(['h1','h2','h3','h4','h5','h6'])
```

attributes 屬性以屬性的 Python 字典找出任何相符的標籤。舉例來說，下面的函式會回傳 HTML 文件中紅與綠的 span 標籤：

```
.find_all('span', {'class':{'green', 'red'}})
```

recursive 參數是布林值。你想要多麼深入文件？若 recursive 為 True，則 find_all 函式會從子標籤與其子標籤中尋找相符者。若為 False，它只會找文件的第一層。find_all 預設遞迴的尋找（recursive 為 True）；通常是保持原狀，除非你確實需要這麼做或有效能的問題。

text 參數較罕用，它根據標籤的文字內容而非標籤屬性搜尋。舉例來說，若想要找出標籤中包含“the prince”的次數，你可以用下面的程式替換前面範例中的 .find_all 函式：

```
nameList = bs.find_all(text='the prince')
print(len(nameList))
```

其輸出為 7。

1 若要取得文件中的各種 h 標籤，有個更簡潔的寫法。我們會在討論 reg_expressions 時檢視其他做法。

limit 參數只用於 find_all 方法；find 等同於 find_all 加上 limit 等於 1。你只會在想要讀取前 x 個項目時設定這個參數。但要注意這會依網頁上的出現順序給而不一定是你要的。

keyword 參數讓你選取帶有特定屬性或設定屬性的標籤。舉例來說：

```
title = bs.find_all(id='title', class_='text')
```

它回傳 class_ 屬性具有 "text" 文字且 id 屬性具有 "title" 的第一個標籤。請注意，通常一頁上的 id 值應該只有出現一次。因此，實務上，這樣的程式不是很實用，且應該等於下面的程式：

```
title = bs.find(id='title')
```

keyword 參數與 "class"

某些情況下 keyword 參數很有用，但技術上是個 BeautifulSoup 的多餘功能。要記得 keyword 能做的事情也可以用稍後會討論的技術達成（見 regular_express 與 lambda_express）。

舉例來說，下面兩行是相等的：

```
bs.find_all(id='text')
bs.find_all('', {'id':'text'})
```

此外，使用 keyword 可能會遇到問題，通常是以 class 屬性搜尋元素時，因為 class 在 Python 中是受保護的關鍵字。因此，class 在 Python 中是不能作為變數或參數名稱的保留字（與前面討論過的 BeautifulSoup.find_all() 的 keyword 參數無關）[2]。舉例來說，若嘗試下列呼叫，你會因為使用 class 而收到語法錯誤：

```
bs.find_all(class='green')
```

你可以改用 BeautifulSoup 有些糟糕的解決方案，它涉及加上底線：

```
bs.find_all(class_='green')
```

另一種方法是用引號包圍 class：

```
bs.find_all('', {'class':'green'})
```

2 Python Language Reference 有列出完整的受保護關鍵字（*https://docs.python.org/3/reference/lexical_analysis.html#keywords*）。

此時你可能會自問："我不是能傳入字典清單屬性以取得標籤嗎？"。

要記得傳入標籤清單給 `.find_all()` 的意思是 "or" 過濾條件（它選取具有 `tag1`、`tag2`、`tag3` 等的所有標籤）。若標籤清單很長，你最後會找到很多你不要的東西。`keyword` 參數讓你能夠對此加上 "and" 過濾條件。

其他 BeautifulSoup 物件

目前為止你看過 BeautifulSoup 函式庫中的兩種物件：

`BeautifulSoup` 物件
: 在前面範例中 `bs` 變數的實例。

`Tag` 物件
: 對 `BeautifulSoup` 物件呼叫 `find` 與 `find_all` 或向下找而取得的清單或個別物件：

```
bs.div.h1
```

該函式庫中還有其他很少使用的物件，但還是要知道：

`NavigableString` 物件
: 用於代表標籤中的文字而非標籤本身（有些函式操作與產生 `NavigableStrings` 而非標籤物件）

`Comment` 物件
: 用於找尋註解標籤中的 HTML 註解，`<!-- 例如這個 -->`。

你在 BeautifulSoup 函式庫中只會遇到這四個物件（目前）。

走訪樹

`find_all` 函式負責根據名稱與屬性找出標籤。但若要根據文件中的位置找標籤呢？此時要動用樹走訪。第 1 章有個單向的 BeautifulSoup 樹走訪：

```
bs.tag.subTag.anotherSubTag
```

接下來看看 HTML 樹的前後走訪。你會使用如圖 2-1 所示的 *http://www.pythonscraping.com/pages/page3.html* 線上購物網站範例。

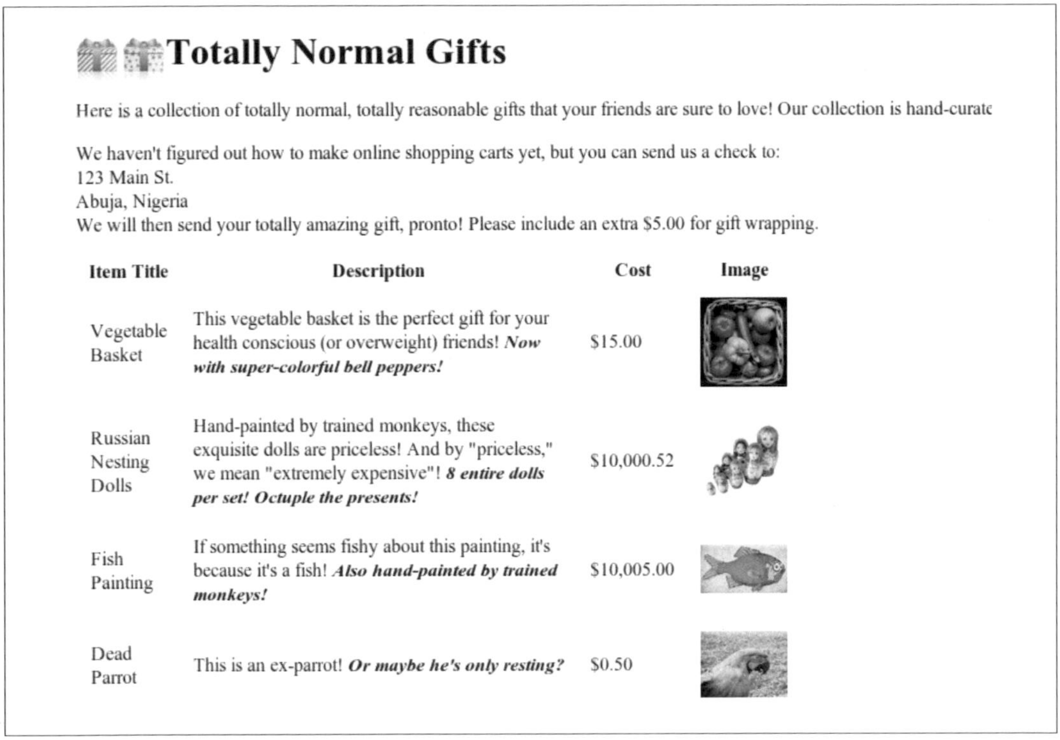

Totally Normal Gifts

Here is a collection of totally normal, totally reasonable gifts that your friends are sure to love! Our collection is hand-curate

We haven't figured out how to make online shopping carts yet, but you can send us a check to:
123 Main St.
Abuja, Nigeria
We will then send your totally amazing gift, pronto! Please include an extra $5.00 for gift wrapping.

Item Title	Description	Cost	Image
Vegetable Basket	This vegetable basket is the perfect gift for your health conscious (or overweight) friends! ***Now with super-colorful bell peppers!***	$15.00	
Russian Nesting Dolls	Hand-painted by trained monkeys, these exquisite dolls are priceless! And by "priceless," we mean "extremely expensive"! ***8 entire dolls per set! Octuple the presents!***	$10,000.52	
Fish Painting	If something seems fishy about this painting, it's because it's a fish! ***Also hand-painted by trained monkeys!***	$10,005.00	
Dead Parrot	This is an ex-parrot! ***Or maybe he's only resting?***	$0.50	

圖 2-1　*http://www.pythonscraping.com/pages/page3.html* 畫面截圖

這個網頁的樹狀圖如下（省略了一些標籤）：

- HTML
  - body
    - div.wrapper
      - h1
      - div.content
      - table#giftList
        - tr
          - th
          - th
          - th
          - th
        - tr.gift#gift1
          - td
          - td
            - span.excitingNote

```
        — td
        —td
          — img
      — ...table rows continue...
    — div.footer
```

接下來幾節會使用相同的 HTML 結構做範例。

處理子節點

你經常在電腦與數學中聽到子節點的操作：移動、儲存、刪除等，但這一節只討論選取。

在 BeautifulSoup 與其他函式庫中，**子節點**（children）與**後代**（descendant）不同：如同親屬關係，子節點在父節點下面一層，後代在父節點下面任何一層。舉例來說，tr 標籤是 table 標籤的子節點，而 tr、th、td、img、span 都是 table 的後代（以範例網頁來說）。所有子節點都是後代，但並非所有後代都是子節點。

一般來說，BeautifulSoup 函式都處理目前選取標籤的後代。舉例來說，bs.body.h1 選取 body 標籤的後代的第一個 h1 標籤。它不會找出 body 外的標籤。

同樣的，bs.div.find_all('img') 會找出文件中第一個 div 標籤，然後找出該 div 標籤後代中的所有 img 標籤。

若只要找出後代中的子節點，你可以使用 .children 標籤：

```
from urllib.request import urlopen
from bs4 import BeautifulSoup

html = urlopen('http://www.pythonscraping.com/pages/page3.html')
bs = BeautifulSoup(html, 'html.parser')

for child in bs.find('table',{'id':'giftList'}).children:
    print(child)
```

這個程式碼輸出 giftList 表格中的產品列，包括第一列的欄文字名稱。若使用 descendants() 函式而非 children() 函式則會輸出表格內的二十多個標籤，包括 img、span 與個別 td 標籤。區分子節點與後代很重要！

處理姐妹

BeautifulSoup 的 next_siblings() 函式方便從表格搜集資料，特別是有標題列時：

```
from urllib.request import urlopen
from bs4 import BeautifulSoup

html = urlopen('http://www.pythonscraping.com/pages/page3.html')
bs = BeautifulSoup(html, 'html.parser')

for sibling in bs.find('table', {'id':'giftList'}).tr.next_siblings:
    print(sibling)
```

此程式輸出除第一列標題外產品表格的所有產品列。為什麼會跳過標題列呢？物件不會是自己的姐妹。取得物件的姐妹時，物件本身不包括在清單內。如同名稱所述，它只呼叫下一個姐妹。舉例來說，若選取清單中間的一列並對其呼叫 next_siblings，它只會回傳下一個姐妹。所以選取標題列並呼叫 next_siblings 只會選取除了標題列本身之外的所有列。

明確的選取

上面的程式也可以用 bs.table.tr 或 bs.tr 選取表格的第一列，但我不厭其煩的寫出這種形式：

```
bs.find('table',{'id':'giftList'}).tr
```

雖然此網頁看起來只有一個表格（或其他要尋找的標籤），但有時候會看錯。此外，網頁佈局經常會修改。曾經在網頁上排第一個的可能改天就變成第二個或第三個。要讓你的擷取程序更堅固，最好盡可能明確的選取標籤。有標籤屬性可用時就利用它。

與 next_siblings 相對的是 previous_siblings 函式，若方便找的標籤在要處理的清單的尾部時它很好用。

當然，還有 next_sibling 以及 previous_sibling 函式執行與 next_siblings 以及 previous_siblings 函式幾乎相同的功能，但只回傳一個標籤而非全部清單。

處理父節點

擷取網站時，你可能會發現找父節點的機會比找子節點的機會少。爬 HTML 網頁時，你通常會從頂層標籤開始，然後向下找出你要的資料。但有時候你會需要 BeautifulSoup 的 `.parent` 與 `.parents` 函式。舉例來說：

```
from urllib.request import urlopen
from bs4 import BeautifulSoup

html = urlopen('http://www.pythonscraping.com/pages/page3.html')
bs = BeautifulSoup(html, 'html.parser')
print(bs.find('img',
              {'src':'../img/gifts/img1.jpg'})
      .parent.previous_sibling.get_text())
```

此程式輸出 *../img/gifts/img1.jpg* 位置的圖形表示的產品的價格（此例中的價格為 $15.00）。

它是如何運作的？下面的圖表顯示 HTML 網頁中你操作的樹狀結構加上步驟數字：

- <tr>
  - `td`
  - `td`
  - `td` ❸
    - `"$15.00"` ❹
  - `td` ❷
    - `<img src="../img/gifts/img1.jpg">` ❶

❶ 選取 `src="../img/gifts/img1.jpg"` 的圖形標籤。

❷ 選取該標籤的父節點（此例中為 `td` 標籤）。

❸ 選取此 `td` 標籤的 `previous_sibling`（此例中為產品價格的 `td` 標籤）。

❹ 選取該標籤中的文字，“$15.00”。

正規表示式

一個老笑話：“你有個問題，你決定用正規表示式解決，然後變成兩個問題”。

正規表示式（簡稱 *regex*）經常使用大量符號組合成火星文，於是嚇跑很多人，但實際上，一行正規表示式就可以做到很複雜的搜尋與過濾功能！

正規表示式其實不難上手，也很容易透過檢視與實驗幾個簡單的範例來學習。

正規表示式的名稱來自於它識別正規字串；它們可以表示“你給的字串符合規則，我會回傳它們”或“你給的字串不符合規則，我會丟掉它們”。它可以快速的掃描大型文件以找出電話號碼或郵件地址等字串。

請注意，我使用**正規字串**。正規字串是什麼？它是任何能產生一系列線性規則的字串[3]，例如：

1. 字母 *a* 至少一次
2. 接下來 *b* 剛好五次
3. 接下來字母 *c* 任何單數次
4. 最後是字母 *d* 或 *e*

字串 *aaaabbbbbccccd* 與 *aabbbbbcce* 等（無限多個變化）符合這些規則。

正規表示式只是表達這些規則的縮寫。舉例來說，下面是上述規則的正規表示式：

```
aa*bbbbb(cc)*(d|e)
```

此字串乍看之下有點難，但拆開看就很清楚：

*aa**
: *a* 後面有 *a**（讀作 *a star*），這表示“任何數量的 *a*，包括 0 個”。這種方式保證至少有個 *a*。

bbbbb
: 沒有特別效果——只是五個連續的 *b*。

*(cc)**
: 任何偶數的東西可以湊成一對，所以為了確保偶數次的規則，您可以寫兩個 c，把它們放在括弧裡，然後在後面加個星號，代表**一對** *c* 可以出現任意次數（留意這邊也包含零次的情形）。

3 你可能會自問“有非正規表示式嗎？”。非正規表示式超出本書範圍，它像是“質數個 a 後面兩個該數字的 b”或“寫出迴文”。正規表示式無法識別這種字串，但我沒有遇過必須識別這種狀況的網站擷取。

(d|e)

兩個表示式中間加上一槓表示“或”。此例中為“一個 *d* 或 *e*”，如此能保證兩者其中之一。

實驗 *RegEx*

學習正規表示式時，嘗試很重要。如果不想寫程式並執行以看看一個正規表示式是否符合你的預期，你可以到 Regex Pal（*http://regexpal.com*）線上測試你的正規表示式。

表 2-1 列出常見的正規表示式符號以及簡短說明與範例。這不是完整的參考，且各種語言有些許不同，但這 12 個符號在 Python 的正規表示式中很常見並可用於尋找與搜集各種字串類型。

表 2-1 常見正規表示式符號

符號	意義	範例	相符範例
`*`	符合前一個字元、表示式或方括弧字元集合，出現零次或多次	`a*b*`	`aaaaaaaa, aaabbbbb, bbbbbb`
`+`	符合前一個字元、表示式或方括弧字元集合，出現一次或多次	`a+b+`	`aaaaaaaab, aaabbbbb, abbbbbb`
`[]`	符合方括號內的任一字元（也就是「在這些字元裡面挑一個」）	`[A-Z]*`	`APPLE, CAPITALS, QWERTY`
`()`	子表示式群組（這在正規表達式的「評價順序」之內會優先處理）	`(a*b)*`	`aaabaab, abaaab, ababaaaaab`
`{m,n}`	符合前一個字元、表示式或方括弧字元集合，出現 m 到 n 次（包含 m 與 n）	`a{2,3}b{2,3}`	`aabbb, aaabbb, aabb`
`[^]`	符合任何一個不在方括號內的字元	`[^A-Z]*`	`apple, lowercase, qwerty`
`|`	符合被 | 隔開的前後任一組字元、字串或子表示式（這是垂直棒、「管線」而不是大寫字母）	`b(a|i|e)d`	`bad, bid, bed`
`.`	符合任何單一字元（包含符號、數字、空格等）	`b.d`	`bad, bzd, b$d, b d`
`^`	代表一個字元或子表達式出現在字串開頭	`^a`	`apple, asdf, a`

符號	意義	範例	相符範例
\	跳脫字元（讓您能描述「特殊字元」本身）	`\. | \\`	`. | \`
$	常常放在正規表示式最後，代表「這個位置必須是字串結尾」。沒有它的話，所有正規表示式最後就都像是加了「.*」，可以接受只有開頭符合的字串。這可以想成跟 ^ 符號搭配	`[A-Z]*[a-z]*$`	`ABCabc, zzzyx, Bob`
?!	不包含。這個詭異的符號組合，緊鄰一個字元（或正規表示式）前面，代表這個字元不應該在字串裡的這個位置出現。這用起來需要技巧；因為這個字元可能出現在字串其他地方。如果想徹底排除某個字元的話，前後要加上 ^ 與 $	`^((?![A-Z]).)*$`	`no-caps-here, $ymb0ls a4e f!ne`

一個經典的正規表示式範例是找出電子郵件地址。雖然各種郵件伺服器的規則稍有不同，但我們可以做出通用規則。每個規則對應的正規表示式顯示在第二欄：

規則 *1*
: Email 位址的第一部分至少包含下列之一：大寫字母、小寫字母、數字 0-9、句點 (.)、加號 (+) 或是底線 (_)。

[A-Za-z0-9\._+]+
: 正規表達式簡寫很聰明。比如說，它知道「A-Z」代表「A 到 Z 的所有大寫字母」。把這些可能出現的範圍與符號放在方括號裡 (請注意，不是圓括號) 代表「這個位置出現的符號，可以是方括號中列舉的任何一個」。留意後面的 + 號代表「這些字元可出現任意次數，但是至少要出現一次」。

規則 *2*
: 在這之後，Email 位址要出現 @ 符號。

@
: 這個很直觀：中間必須出現 @ 符號，而它必須正好出現一次。

規則 *3*
: Email 位址必須出現至少一個大寫或小寫字母。

[A-Za-z]+
: 在 @ 之後的網域名稱第一部分只能使用字母。同時這邊也至少必須有一個字母。

規則 *4*
: 之後跟著一個句點 (.)。

\.
: 網域名稱之後必須有一個句點 (.)。

規則 *5*

最後，Email 位址必須以 com、org、edu 或 net 作結尾 (現實中有很多其他頂層網域，不過以這個範例來說這樣就夠了)。

(com|org|edu|net)

這列出 Email 第二部分句點之後允許出現的序列。

把這些規則串在一起，我們就得到下面這個正規表示式：

```
[A-Za-z0-9\._+]+@[A-Za-z]+\.(com|org|edu|net)
```

嘗試從頭開始撰寫正規表示式時，最好先列出描繪目標字串的步驟。請注意極端狀況。舉例來說，若要尋找電話號碼，你是否考慮到國碼與分機？

正規表示式：不一定正規！

標準版本的正規表示式（本書以及 Python 與 BeautifulSoup 使用的）是基於 Perl 的語法。新式程式設計語言使用它或類似的語法。但要注意在其他語言中使用可能會有問題。Java 等某些語言有稍微不同的處理方法。有疑慮時參閱文件！

正規表示式與 BeautifulSoup

若覺得前面關於正規表示式的內容與本書無關，接下來就會結合。BeautifulSoup 與正規表示式在擷取網站時會合作。事實上，很多取用一個字串參數（例如：`find(id="aTagIdHere")`）的函式也可以取用一個正規表示式。

讓我們看一些擷取 *http://www.pythonscraping.com/pages/page3.html* 網頁的例子。

請注意，此網站有很多下列形式的產品圖片：

```
<img src="../img/gifts/img3.jpg">
```

若要抓取所有產品圖片的 URL，乍看之下很簡單：只需使用 `.find_all("img")` 不是嗎？但有個問題。除了很明顯的 “額外” 圖片（例如 logo），新式網站通常還有隱藏的圖片、排版用的空白圖片與其他你不知道的圖片。你不能認為網頁上只有產品圖片。

還要假設網頁可能會改變佈局或不能依靠圖片的位置找出正確的標籤，嘗試抓取隨機散落的特定元素或資料時也是如此。舉例來說，某些產品圖片可能在某些網頁最上面，但在其他網頁就不一定。

解決方法是尋找標籤本身的特定識別。此例中，你可以尋找產品圖片的路徑：

```
from urllib.request import urlopen
from bs4 import BeautifulSoup
import re

html = urlopen('http://www.pythonscraping.com/pages/page3.html')
bs = BeautifulSoup(html, 'html.parser')
images = bs.find_all('img',
    {'src':re.compile('\.\.\/img\/gifts/img.*\.jpg')})
for image in images:
    print(image['src'])
```

這個程式只輸出 *../img/gifts/img* 目錄下且以 *.jpg* 結束的圖片路徑，其輸出如下：

```
../img/gifts/img1.jpg
../img/gifts/img2.jpg
../img/gifts/img3.jpg
../img/gifts/img4.jpg
../img/gifts/img6.jpg
```

正規表示式可用於 BeautifulSoup 的參數表示式，讓你有很大的彈性找尋目標元素。

存取屬性

你已經看過如何存取與過濾標籤並存取其中內容。但有時網站擷取不是找標籤的內容；你要找的是屬性。這對 `a` 等 URL 放在 `href` 屬性的標籤特別有用；或者是 `img` 標籤，它的圖片放在 `src` 屬性中。

如下呼叫可存取標籤物件的屬性清單：

```
myTag.attrs
```

要記得它回傳一個可存取與操作這些屬性的 Python 字典物件。舉例來說，圖形的來源可如下尋找：

```
myImgTag.attrs['src']
```

Lambda 表示式

若受過正規資工教育，你或許在學校學過 lambda 表示式但後來再也沒有使用過。若沒有，則你可能不知道它是什麼（或只知道“有一天會學”）。這一節不會深入這些函式，但會示範它們的應用。

基本上，*lambda 表示式*是傳入另一個函式作為變數的函式；相較於定義 f(x, y) 函式，你可以將函式定義為 f(g(x), y) 或 f(g(x), h(x))。

BeautifulSoup 可讓你對 `find_all` 函式傳入特定函式作為參數。

這些函式唯一的限制是必須以標籤物件作為參數並回傳一個布林。BeautifulSoup 遇到的每個標籤物件會在此函式中求值，求出 `True` 的標籤會被回傳，而其餘的則被拋棄。

舉例來說，下面的程式取得所有兩個屬性的標籤：

```
bs.find_all(lambda tag: len(tag.attrs) == 2)
```

此處作為參數傳入的函式是 `len(tag.attrs) == 2`，其為 `True` 時 `find_all` 函式會回傳該標籤。也就是說，它會找出兩個屬性的標籤，例如：

```
<div class="body" id="content"></div>
<span style="color:red" class="title"></span>
```

Lambda 函式很有用，你甚至可以用它們取代 BeautifulSoup 函式：

```
bs.find_all(lambda tag: tag.get_text() ==
    'Or maybe he\'s only resting?')
```

這也可以不用 lambda 函式達成：

```
bs.find_all('', text='Or maybe he\'s only resting?')
```

但若你記得 lambda 函式的語法與如何存取標籤屬性，你就可以不需要記住任何其他 BeautifulSoup 語法！

用於 lambda 函式可為任何回傳 `True` 或 `False` 值的函式，你甚至可以結合正規表示式來找出具有符合特定字串樣式的屬性的標籤。

第三章

撰寫網站爬行程序

你已經看過單一靜態網頁的例子。這一章會開始檢視真實世界的多網頁與多網站爬行。

網站爬行程序的命名是因為它們爬行網路。它們的核心是遞迴。它們必須從 URL 取得網頁內容、檢視網頁中的其他 URL、取得該網頁、如此不停循環。

但要注意：能爬網頁不表示你應該爬。前面的爬行程序範例中你所需的資料都在單一網頁上。網站爬行程序必須注意使用頻寬，並判斷是否有方法減緩目標伺服器的負載。

遍歷單一網域

就算沒聽過維基的六度分離，你應該也聽過 Kevin Bacon 的六度分離。兩者的目標都是在六次以內（包括原始主題）連結兩個不相關的主題（前者是維基網頁的相連，後者是出現在同一部電影的演員）。

舉例來說，Eric Idle 與 Brendan Fraser 都演過 *Dudley Do-Right*，後者與 Kevin Bacon 都演過 *The Air I Breathe*[1]。此例中，Eric Idle 與 Kevin Bacon 相隔三個主題。

這一節會開始一個維基六度分離專案：從 Eric Idle 的維基網頁（*https://en.wikipedia.org/wiki/Eric_Idle*）找出連結到 Kevin Bacon 的維基網頁（*https://en.wikipedia.org/wiki/Kevin_Bacon*）最短的連結。

1 資料來源見 Oracle of Bacon（*http://oracleofbacon.org*）。

> **關於維基的伺服器負載？**
>
> 根據 Wikimedia Foundation（維基百科的金主），該網站每秒約有 2500 個請求，其中 99% 以上是 Wikipedia 網域（見 *https://meta.wikimedia.org/wiki/Wikimedia_in_figures_-_Wikipedia#Traffic_volume* 的“Traffic Volume”一節）。由於流量如此之大，你的爬行程序很難會造成維基伺服器負載的影響。但若你密集執行本書的程式範例，我建議你向 Wikimedia Foundation 捐獻（*https://wikimediafoundation.org/wiki/Ways_to_Give*），這不只是補償，還能對教育資源做貢獻。
>
> 還要記得，若計劃從維基取得大量資料，你應該要確認該資料是否可從 Wikipedia API（*https://www.mediawiki.org/wiki/API:Main_page*）取得。維基經常被用於示範爬行程序，因為它的 HTML 簡單且相對穩定。但它的 API 讓資料取得更方便。

你應該已經知道如何撰寫 Python 腳本讀取任意維基網頁並產生該頁上的連結清單：

```
from urllib.request import urlopen
from bs4 import BeautifulSoup

html = urlopen('http://en.wikipedia.org/wiki/Kevin_Bacon')
bs = BeautifulSoup(html, 'html.parser')
for link in bs.find_all('a'):
    if 'href' in link.attrs:
        print(link.attrs['href'])
```

檢視連結清單，你會發現“Apollo 13”、“Philadelphia”、“Primetime Emmy Award”等主題。但還有一些你不想要的東西：

```
//wikimediafoundation.org/wiki/Privacy_policy
//en.wikipedia.org/wiki/Wikipedia:Contact_us
```

事實上，維基網頁上有很多頁頭、頁尾、側欄與其他連結：

```
/wiki/Category:Articles_with_unsourced_statements_from_April_2014
/wiki/Talk:Kevin_Bacon
```

最近有個在做類似爬維基專案的朋友告訴我他寫了 100 多行程式來判斷一個維基的內部連結是否為主題頁，他必須花很多時間找出“主題連結”與“其他連結”的樣式判斷方法。若計算指向主題頁的連結（相對於其他連結），你會看到有三個共同的特徵：

- 它們都在 id 為 bodyContent 的 div 中
- URL 中沒有冒號
- URL 以 */wiki/* 開頭

你可以用這些規則修改程式以使用 ^(/wiki/)((?!:).)*$") 這個正規表示式只讀取主題連結：

```
from urllib.request import urlopen
from bs4 import BeautifulSoup
import re

html = urlopen('http://en.wikipedia.org/wiki/Kevin_Bacon')
bs = BeautifulSoup(html, 'html.parser')
for link in bs.find('div', {'id':'bodyContent'}).find_all(
    'a', href=re.compile('^(/wiki/)((?!:).)*$')):
    if 'href' in link.attrs:
        print(link.attrs['href'])
```

執行此程式應該會看到 Kevin Bacon 網頁上的主題連結的 URL 清單。

當然，這種寫死的腳本雖然有趣但不實用。你必須將程式改成這樣：

- 一個 getLinks 函式，從 /wiki/<Article_Name> 形式的 URL 回傳相同形式的主題 URL 清單。
- 一個以任意主題連結呼叫 getLinks 的主函式，以回傳結果再呼叫 getLinks 直到你停止程式或找不到新的主題為止。

以下是完整的程式：

```
from urllib.request import urlopen
from bs4 import BeautifulSoup
import datetime
import random
import re

random.seed(datetime.datetime.now())
def getLinks(articleUrl):
    html = urlopen('http://en.wikipedia.org{}'.format(articleUrl))
    bs = BeautifulSoup(html, 'html.parser')
    return bs.find('div', {'id':'bodyContent'}).find_all('a',
        href=re.compile('^(/wiki/)((?!:).)*$'))
```

```
links = getLinks('/wiki/Kevin_Bacon')
while len(links) > 0:
    newArticle = links[random.randint(0, len(links)-1)].attrs['href']
    print(newArticle)
    links = getLinks(newArticle)
```

程式在匯入必要的函式庫後做的第一件事情是以系統目前時間產生隨機亂數。這可確保程式每次執行時都有新的路徑。

假亂數與隨機種子

前面的範例使用 Python 的隨機數產生程序選擇隨機主題以持續隨機的遍歷維基。但，隨機數的使用應該謹慎。

雖然電腦擅長計算，但它們不會編造。因此隨機數是個挑戰。大部分的隨機數演算法都嘗試產生盡可能分散與難以預測的數字序列，但它們都需要初始的"種子"。完全相同的種子會產生完全相同的"隨機數"，因此我使用系統時間產生新的隨機數序列並導致新的主題。這讓程式的執行很有趣。

Python 的偽亂數產生程序使用 Mersenne Twister 演算法。雖然它產生的亂數難以預測且分佈均勻，但需要較多的運算能力。好的隨機數的代價不低！

接下來，程式定義 `getLinks` 函式，它接受 `/wiki/...` 形式的主題 URL，在前面加上維基的網域名稱 `http://en.wikipedia.org` 並讀取 HTML 的 BeautifulSoup 物件。然後它根據前面討論的參數擷取主題連結標籤並回傳。

程式主體從設定主題連結標籤清單（`links` 變數）為初始頁 *https://en.wikipedia.org/wiki/Kevin_Bacon* 的連結清單開始，然後進入迴圈，找尋隨機主題連結標籤，擷取它的 `href` 屬性，輸出該網頁，從 URL 取得新的連結清單。

當然，六度分離解決方案不只是從網頁爬到另一個網頁而已。你還必須儲存與分析資料。第 6 章會繼續進行此解決方案。

處理例外！

這個程式為了簡短而省略大部分的例外處理，要注意可能發生的問題。若維基改變 bodyContent 標籤的名稱呢？此程式嘗試從這個標籤擷取文字時會拋出 AttributeError。

此程式或許可以當做範例，真正的自動化程式必須有更複雜的例外處理。更多相關資訊見第 1 章。

爬整個網站

前一節從一個連結到另一個連結隨機爬網站。但若要系統化的爬該站的每一個網頁呢？爬整個網站，特別是大網站，是記憶體密集的程序，最好使用資料庫來儲存爬行結果。但你也可以不用完整的架構來進行。更多資料庫資訊見第 6 章。

暗網與深網

你可能聽說過**暗網**（*dark web*）與**深網**（*deep web*），它們是什麼？

深網是**表面網**以外的部分[2]。網際網路的表面是有被搜尋引擎檢索過的部分。一般估計深網佔網際網路的 90%。由於 Google 不能執行表單提交、尋找沒有被頂層網域連結的網頁、或探索 *robots.txt* 禁止的網站，表面網相對較小。

暗網又稱為 *darknet*，是另一頭怪獸[3]。它存在於現有網路硬體基礎建設上，但使用 Tor 或其他用戶端與 HTTP 上的應用程式通訊協定提供安全的資訊交換通道。雖然有可能爬暗網，但這不屬於本書的範圍。

不像暗網，深網相對容易爬。本書的許多工具會教你如何爬 Google 的機器人到不了的地方。

2 見 *http://nyti.ms/2pohZmu*

3 見 *http://bit.ly/2psIw2M*

什麼時候適合爬整個網站？爬整個網站的網站爬行程序適合多種情境：

產生網站地圖

幾年前我遇到一個問題：有個客戶要重新設計網站，但不提供目前內容管理系統的權限，也沒有網站地圖可用。我使用爬行程序爬整個網站，搜集所有內部連結，並將網頁安排成實踐目錄結構。這讓我能快速的找到內容並精確的計算所需設計的數量。

搜集資料

另一個客戶想要搜集主題（故事、部落格文章、新聞等）以建構特殊搜尋平台的原型。雖然這種爬行不需要完整，但還是要有一定的廣度（從幾個網站取得資料）。我建構一個爬行程序遞迴的遍歷每個網站並只搜集文章頁上的資料。

完整爬網站的一般做法是從頂層網頁（例如首頁）開始並搜尋該頁上的每個內部連結。每個連結都爬過後再爬其中的連結。

很明顯，這種狀況會很快的暴漲。若每個網頁有 10 個內部連結，而網站有五層深（一般中型網站的深度），則你必須爬 100000 個網頁。雖然一般中型網站的深度有五層，很少網站有 100000 個網頁。原因當然是大部分的內部連結是重複的。

為避免爬同一個網頁兩次，將所有內部連結格式一致化並儲存在容易檢查的集合中很重要。集合類似清單，但其元素沒有特定順序且只儲存獨特的元素，這很適合我們的需求。只有“新”的連結要爬並搜尋其他連結：

```
from urllib.request import urlopen
from bs4 import BeautifulSoup
import re

pages = set()
def getLinks(pageUrl):
    global pages
    html = urlopen('http://en.wikipedia.org{}'.format(pageUrl))
    bs = BeautifulSoup(html, 'html.parser')
    for link in bs.find_all('a', href=re.compile('^(/wiki/)')):
        if 'href' in link.attrs:
            if link.attrs['href'] not in pages:
                #We have encountered a new page
                newPage = link.attrs['href']
                print(newPage)
                pages.add(newPage)
                getLinks(newPage)
getLinks('')
```

為示範此網站爬行程序的運作，我採用比較寬鬆的內部連結標準（來自前面的範例）。相較於爬主題網頁，它檢查以 */wiki/* 開頭的所有連結而不管是否帶有冒號。要記得：主題網頁沒有冒號，但上傳、討論與其他網頁在 URL 中有冒號。

一開始，`getLinks` 以空 URL 呼叫。這個空 URL 在前面加上 *http://en.wikipedia.org* 後被函式解譯為"維基的首頁"。然後首頁的每個連結被逐個檢查是否已經在全域網頁集合中（已經看過的網頁的集合）。若沒有，則加入清單，輸出，然後對它呼叫 `getLinks` 函式。

對遞迴的警告

軟體書很少有這個警告，但我認為你應該知道：上面的程式只要執行夠久就一定會當掉。

Python 有預設的 1000 此遞迴限制（程式遞迴呼叫的次數）。由於維基的連結數量非常大，此程式最終會遇到遞迴限制而停止，除非你能加上防止發生的機制。

對少於 1000 個連結的"淺"網站，這個方法運作的相當好，除了有幾個例外。舉例來說，我遇過依靠目前網頁路徑動態產生 URL 的問題。它產生出 */blogs/blogs.../blogs/blog-post.php* 這樣無窮的路徑。

但這種技巧對大部分一般網站夠用。

跨整個網站搜集資料

網站爬行程序若只是從一頁跳到另一頁是新的無趣的。要讓它有用，你必須對網頁做一些事情。讓我們檢視如何建構搜集標頭、第一段內容與編輯網頁的連結（如果有）的爬行程序。

如同前面，第一個步驟是檢視該網站的幾個網頁以判斷最好的做法與模式。檢視幾個維基網頁後（主題與隱私權等非主題網頁後）發現：

- 所有標頭（每一頁都有，無論是否為主題頁）都在 `h1` → `span` 標籤下，它是網頁上唯一的 `h1` 標籤。
- 如前述，所有內容都在 `div#bodyContent` 標籤內。但若要第一段文字，最好使用 `div#mw-content-text` → `p`（只選取第一段標籤）。除了沒有內容文字的檔案網頁（例如 *https://en.wikipedia.org/wiki/File:Orbit_of_274301_Wikipedia.svg*）外都是如此。

- 編輯連結只出現在主題網頁。若有出現，它們會在 li#ca-edit → span → a 下的 li#ca-edit 標籤中。

修改基本爬行程式後你就可以建構結合爬行程序 / 資料搜集（或輸出）的程式：

```
from urllib.request import urlopen
from bs4 import BeautifulSoup
import re

pages = set()
def getLinks(pageUrl):
    global pages
    html = urlopen('http://en.wikipedia.org{}'.format(pageUrl))
    bs = BeautifulSoup(html, 'html.parser')
    try:
        print(bs.h1.get_text())
        print(bs.find(id ='mw-content-text').find_all('p')[0])
        print(bs.find(id='ca-edit').find('span')
             .find('a').attrs['href'])
    except AttributeError:
        print('This page is missing something! Continuing.')

    for link in bs.find_all('a', href=re.compile('^(/wiki/)')):
        if 'href' in link.attrs:
            if link.attrs['href'] not in pages:
                #We have encountered a new page
                newPage = link.attrs['href']
                print('-'*20)
                print(newPage)
                pages.add(newPage)
                getLinks(newPage)
getLinks('')
```

此程式的 for 迴圈基本上與原始的爬行程式相同（輸出加上分隔線以區分內容）。

由於你不可能非常確定網頁上有什麼資料，每個 print 陳述依照出現在網頁上的可能性排列。也就是說，h1 出現在每個網頁上（目前是如此），因此先抓此資料。文字內容出現在大部分網頁上（除了檔案網頁），因此是第二個抓的資料。Edit 按鈕只出現在有標題與文字內容的網頁，但並不一定全部都有。

不同需求的不同樣式

很明顯的，將多行程式包在單一例外處理中有些危險。例如你分不出哪一行拋出例外。還有，若網頁有 Edit 按鈕但沒有標題，則 Edit 按鈕不會被記下來。然而對大多數狀況來說，用這種流程處理擁有許多相似結構頁面的網站已經很夠了，漏掉少數幾筆資料或是紀錄不會造成大問題。

你可能會注意到這些範例還沒有“搜集”資料而只是“輸出”。很明顯的，螢幕上的資料很難操作。第 5 章會討論建構資料庫與儲存資訊。

處理重新導向

重新導向（redirect）讓網頁伺服器指向另一個不同的網域名稱或 URL 的內容。重新導向有兩種：

- 伺服器端重新導向，URL 在網頁載入前改變
- 用戶端重新導向，有時候會顯示“你將在 10 秒後重新導向”的訊息，重新導向前會載入網頁。

你通常不用擔心伺服器端重新導向。若使用 Python 3.x 的 `urllib` 函式庫，它會自動處理重新導向！若使用此函式庫，要確保 allow-redirects 旗標設為 `True`：

```
r = requests.get('http://github.com', allow_redirects=True)
```

要注意有時候你爬的網頁的 URL 不是你進入的網頁的 URL。

更多以 JavaScript 或 HTML 執行的用戶端重新導向資訊見第 12 章。

跨網際網路爬行

談到網站擷取時，總是有人會問：“要怎麼做一個 Google ？”。我的答案永遠是兩個：“首先，你要有很多錢買全世界最大的資料倉儲並放到全世界各地。其次，你需要一個網站爬行程序”。

Google 於 1996 年開業時，只有兩個 Stanford 學生、一台舊伺服器與一個 Python 網站擷取程序。現在你知道如何爬網站，所以你有了成為富翁的工具。

認真說，網站擷取程序是許多網站的技術核心，而你不一定需要一個大資料倉儲。要進行跨網域的資料分析，你必須建構可以解譯並儲存來自網際網路的網頁的爬行程序。

前一個範例的網頁爬行程序會根據連結逐個爬網頁，建構網站地圖。但這一次它們不會忽略外部連結；它們會爬外部連結。

前方狀況不明

要記得下一節的程式會跑到網際網路上的任何地方。若有從六度分離學到什麼，那就是它有可能在幾步之內就跑到 *http://www.sesamestreet.org/* 或其他亂七八糟的地方。

小朋友在執行這個程式之前要先問過家長。對內容敏感的組織與個人在執行時要謹慎。

開始撰寫會爬外部連結的爬行程序前，你應該自問：

- 我要搜集什麼資料？是不是固定爬幾個網站就好（比較容易），或必須爬我也不知道的網站？
- 爬行程序遇到特定網站時會立即順著外部連結到另一個網站或繼續爬目前的網站？
- 有沒有不想爬的特定網站？是否需要爬非英文網站？
- 如何不犯法？（見第 18 章）

結合一組 Python 函式可於 60 行程式內輕鬆寫出各種網站爬行程序：

```
from urllib.request import urlopen
from urllib.parse import urlparse
from bs4 import BeautifulSoup
import re
import datetime
import random

pages = set()
random.seed(datetime.datetime.now())

# 取得網頁上的所有內部連結的清單
def getInternalLinks(bs, includeUrl):
    includeUrl = '{}://{}'.format(urlparse(includeUrl).scheme,
        urlparse(includeUrl).netloc)
    internalLinks = []
    # 找出以 "/" 開頭的所有連結
```

```
    for link in bs.find_all('a',
        href=re.compile('^(/|.*'+includeUrl+')')):
        if link.attrs['href'] is not None:
            if link.attrs['href'] not in internalLinks:
                if(link.attrs['href'].startswith('/')):
                    internalLinks.append(
                        includeUrl+link.attrs['href'])
                else:
                    internalLinks.append(link.attrs['href'])
    return internalLinks

# 取得網頁上的所有外部連結的清單
def getExternalLinks(bs, excludeUrl):
    externalLinks = []
    # 找出所有以 "http" 開頭
    # 且不含目前 URL 的連結
    for link in bs.find_all('a',
        href=re.compile('^(http|www)((?!'+excludeUrl+').)*$')):
        if link.attrs['href'] is not None:
            if link.attrs['href'] not in externalLinks:
                externalLinks.append(link.attrs['href'])
    return externalLinks

def getRandomExternalLink(startingPage):
    html = urlopen(startingPage)
    bs = BeautifulSoup(html, 'html.parser')
    externalLinks = getExternalLinks(bs,
        urlparse(startingPage).netloc)
    if len(externalLinks) == 0:
        print('No external links, looking around the site for one')
        domain = '{}://{}'.format(urlparse(startingPage).scheme,
            urlparse(startingPage).netloc)
        internalLinks = getInternalLinks(bs, domain)
        return getRandomExternalLink(internalLinks[random.randint(0,
                                    len(internalLinks)-1)])
    else:
        return externalLinks[random.randint(0, len(externalLinks)-1)]

def followExternalOnly(startingSite):
    externalLink = getRandomExternalLink(startingSite)
    print('Random external link is: {}'.format(externalLink))
    followExternalOnly(externalLink)

followExternalOnly('http://oreilly.com')
```

上面的程式從 *http://oreilly.com* 開始並隨機爬行外部連結。以下是輸出的範例：

```
http://igniteshow.com/
http://feeds.feedburner.com/oreilly/news
http://hire.jobvite.com/CompanyJobs/Careers.aspx?c=q319
http://makerfaire.com/
```

外部連結不一定會到一個網站的首頁。此例中找外部連結的方法類似之前的爬行範例遞迴的深入網站直到找到一個外部連結。

圖 3-1 顯示其流程。

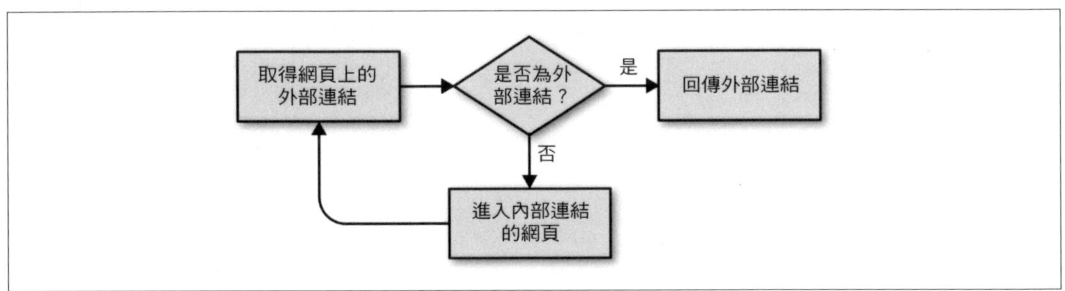

圖 3-1 網際網路爬行流程圖

不要真的使用範例程式

為了省紙與可讀性，本書範例並沒有寫出實務上必要的完整檢查與例外處理。舉例來說，若此爬行程序沒有遇到外部連結（少見，但不是不可能）則會一直跑到碰上 Python 的遞迴限制為止。

改善此爬行程序的一個簡單辦法是與第 1 章的例外處理程式結合。這會讓程式在遇到 HTTP 錯誤或伺服器例外時選擇其他 URL 進行。

執行此程式前要確保你處理了可能發生的問題。

將任務分解成“找出這一頁的外部連結”等簡單函式的好處是之後可以將程式重構以執行不同的爬行任務。舉例來說，若要爬行整個網站並記錄每一個外部連結，你可以加入下列函式：

```
# 搜集此網站的所有外部 URL
allExtLinks = set()
allIntLinks = set()

def getAllExternalLinks(siteUrl):
```

```
    html = urlopen(siteUrl)
    domain = '{}://{}'.format(urlparse(siteUrl).scheme,
        urlparse(siteUrl).netloc)
    bs = BeautifulSoup(html, 'html.parser')
    internalLinks = getInternalLinks(bs, domain)
    externalLinks = getExternalLinks(bs, domain)

    for link in externalLinks:
        if link not in allExtLinks:
            allExtLinks.add(link)
            print(link)
    for link in internalLinks:
        if link not in allIntLinks:
            allIntLinks.add(link)
            getAllExternalLinks(link)

allIntLinks.add('http://oreilly.com')
getAllExternalLinks('http://oreilly.com')
```

此程式可視為兩個迴圈——一個搜集內部連結，另一個搜集外部連結——合作。其流程如圖 3-2 所示。

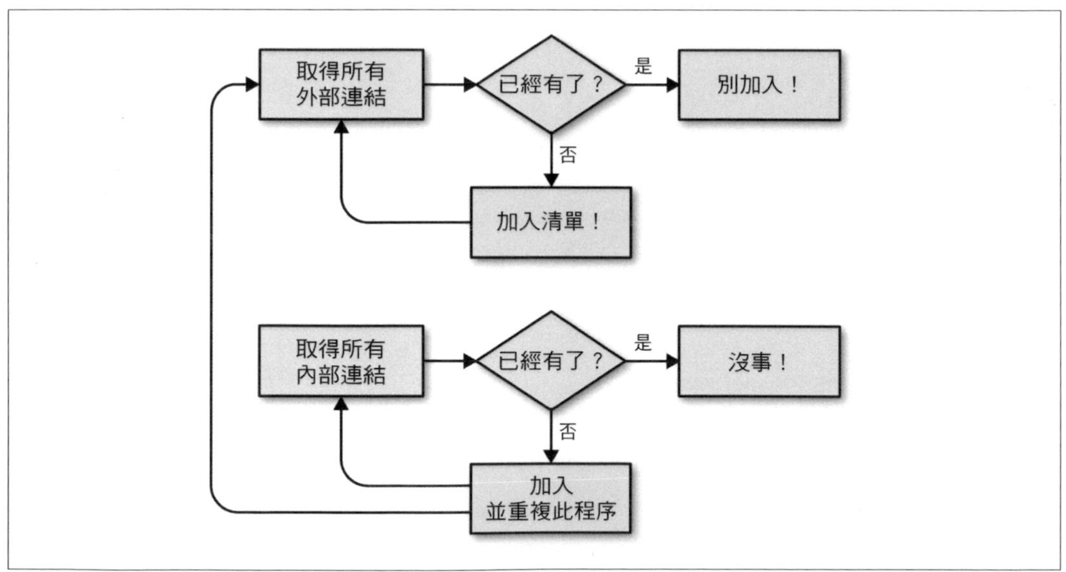

圖 3-2 搜集所有外部連結的網站爬行程序流程圖

撰寫程式前畫出流程圖是個好習慣，並在爬行程序變得更複雜時可以節省很多時間。

第四章

網站爬行模型

在你能控制資料與輸出時撰寫清楚且可擴充的程式就有難度，撰寫要爬各種開發者無法控制的網站的爬行程序更是個挑戰。

你可能要從各種網站搜集新聞與文章，而每個網站都有不同的模板與佈局。某個網站的 h1 標籤可能帶有文章標題，而另一個網站的 h1 標籤帶有網站名稱且文章標題放在 <span id="title"> 中。

你必須要能彈性的控制爬哪一個網站與如何擷取並能快速的加入新網站或修改現有網站而不需修改多行程式。

你可能要從不同網站擷取產品價格並進行比較。或許價格使用不同的貨幣，或許你還需要結合來自非網站來源的外部資料。

雖然網站爬行程序的應用範圍很廣，但大型爬行程序通常是幾種模式中的一種。學習這些模式並知道其使用時機可改善你的爬行程序的可維護性與堅固性。

這一章最主要討論從各種網站搜集有限“類型”的資料（例如餐廳評價、新聞、公司基本資料）並以 Python 物件型別儲存在資料庫。

規劃與定義物件

網頁爬行常見的一個陷阱是只根據你能看到的東西定義資料。舉例來說，若要搜集產品資料，你可能會先檢視成衣商店並決定產品有下列欄位：

- 產品名稱
- 價格
- 說明
- 尺寸
- 顏色
- 材質
- 客戶評價

檢視另一個網站，你發現它的網頁上有 SKU（庫存編號）。你當然也想搜集這個資料，於是加入這個欄位：

- 品項 SKU

然而衣物只是個起點，你還想要擴充其他產品。你檢視其他網站的產品頁並決定還需要搜集下列資訊：

- 精裝 / 平裝
- 普級 / 成人
- 評分數量
- 製造商連結

很明顯這不是可持續的辦法。每次遇到新資訊就加上性屬性會產生太多欄位。不止如此，每次爬新網站就被迫要仔細分析比對該網站的欄位與你現有的欄位（修改你的 Python 物件型別與資料庫結構）。這會導致雜亂與難以讀取的資料集以及衍生問題。

決定搜集什麼資料時最好的方式通常是完全無視網站。不要檢視某個網站問“有什麼？”而是問“我需要什麼？”然後找出從中擷取資訊的方法。

或許你真正要的是比較多個商店的產品價格並記錄時間變化。此例中，你需要識別產品的資訊，也就是：

- 產品名稱
- 製造商
- 產品 ID（若有）

請注意，此資訊沒有針對特定商店。舉例來說，產品評價、評分、價格與說明都屬於特定商店，它們可以分開儲存。

其他資訊（產品顏色、材質）都屬於產品，但可能只是特例——不適用於所有產品。退一步檢查每個項目並自問下列問題很重要：

- 此資訊對專案有幫助嗎？必要還是“有也不錯”？
- 不確定將來是否有用，以後再搜集有困難嗎？
- 是否是已經搜集過的重複資料？
- 儲存特定物件合理嗎（如前述，每個網站都有相同產品的不同說明）？

若你決定必須搜集某個資料時，還有幾個如何儲存與處理的重要問題：

- 資料稀疏還是密集？每個網站都有還是僅少數網站有？
- 資料多大？
- 針對大資料，每次分析時都需要讀取嗎？
- 這種資料有多大變化？必須定期加入新屬性、修改類別（例如經常變化的編織樣式）、或固定範圍（鞋子尺寸）？

假設你要對產品屬性與價格做某種分析：例如一本書有幾頁、或衣物的材質，以及與價格相關的其他屬性。你發現這個資料是稀疏的（少數產品具有這種屬性），你可以隨時決定加入或刪除屬性。在這種情況下建構如下的產品型別是合理的：

- 產品名稱
- 製造商
- 產品 ID（若有）
- 屬性（選擇性清單或字典）

屬性型別如下：

- 屬性名稱
- 屬性值

這能讓你隨時新增產品屬性而無需重新設計資料結構或程式。決定如何儲存這些屬性時，你可以將 JSON 寫入資料庫的 `attribute` 欄，或以產品 ID 儲存在另一個資料表。更多實作這些型別的資料庫模型的資訊見第 6 章。

你可以對其他必須儲存的資訊套用前述的問題。為記錄每個產品的價格，你可能需要下列欄：

- 產品 ID
- 商店 ID
- 價格
- 發現價格的時間

若產品屬性會改變產品價格呢？舉例來說，商店可能會對大號衣服定更高的價格，因為大號衣服需要更多布料。在這種情況下，你可能要考慮分離每個尺寸的產品（使每個尺寸的價格獨立）或建構新的項目型別以儲存產品實例的資訊：

- 產品 ID
- 實例型別（此例中的尺寸）

而價格會像這樣：

- 產品實例 ID
- 商店 ID
- 價格
- 建立價格的時間

雖然“產品與價格”是特定議題，但設計你的 Python 物件時都必須考慮這種問題。

若要抓新聞內容，你需要的基本資訊如下：

- 標頭
- 作者
- 日期
- 內容

但若文章有“修改日期”或“相關文章”或“分享次數”，你需要它們嗎？與你的專案有關嗎？如何在不是每個新聞網站都有使用各種社交網站時有彈性與有效率的儲存分享次數？

開始新專案時經常會有衝動想立即寫 Python 程式爬網站。事後再考慮的資料模型經常會受到你第一個抓的網站的資料格式影響。

但資料模型是所有使用它的程式的基礎。不好的模型會讓程式的撰寫與維護發生問題並難以有效的運用資料。特別是處理各種網站時——已知與未知的網站——深思與規劃如何搜集與處理很重要。

處理不同網站的佈局

Google 等搜尋引擎最令人印象深刻的功能是從各種結構不明的網站擷取相關資料。雖然人也能立即識別網頁的標頭與主要內容（除非網頁設計很糟糕），但要機器人做相同的事確還是很困難。

幸好大部分的網站擷取不需要對從未見過而是預先選擇好的網站搜集資料。這表示你無需使用複雜的演算法或機器學習判斷網頁上“最像標題”或“主要內容”的文字。你可以手動判斷這些元素。

最明顯的方式是分別對每個網站撰寫網站擷取程序或網頁解譯程序。對每個程序輸入 URL、字串、或 `BeautifulSoup` 物件並回傳 Python 物件。

下面是一個 `Content` 類別（代表新聞等內容）與兩個輸入 `BeautifulSoup` 物件並回傳 `Content` 實例的擷取程序：

```
import requests

class Content:
    def __init__(self, url, title, body):
        self.url = url
        self.title = title
        self.body = body

def getPage(url):
    req = requests.get(url)
    return BeautifulSoup(req.text, 'html.parser')

def scrapeNYTimes(url):
    bs = getPage(url)
    title = bs.find("h1").text
    lines = bs.find_all("p", {"class":"story-content"})
    body = '\n'.join([line.text for line in lines])
    return Content(url, title, body)

def scrapeBrookings(url):
    bs = getPage(url)
    title = bs.find("h1").text
    body = bs.find("div",{"class","post-body"}).text
    return Content(url, title, body)

url = 'https://www.brookings.edu/blog/future-development'
    '/2018/01/26/delivering-inclusive-urban-access-3-unc'
    'omfortable-truths/'
content = scrapeBrookings(url)
print('Title: {}'.format(content.title))
print('URL: {}\n'.format(content.url))
print(content.body)

url = 'https://www.nytimes.com/2018/01/25/opinion/sunday/'
    'silicon-valley-immortality.html"
content = scrapeNYTimes(url)
print('Title: {}'.format(content.title))
print('URL: {}\n'.format(content.url))
print(content.body)
```

隨著加入新網站的擷取函式，你或許會注意到有個模式正在形成。每個網站的解譯函式執行基本上相同的事情：

- 選取標題元素並擷取標題文字
- 選取文章的主要內容

- 選取其他必要的內容項目
- 回傳前述字串產生的 Content 物件

此處唯一與個別網站有關的變數是取得每個特定資訊的 CSS 選擇器。BeautifulSoup 的 find 與 find_all 函式需要輸入兩個參數——標籤字串與屬性的鍵 / 值字典——所以你可以傳入定義網站結構與目標資料位置的參數。

要比處理所有標籤參數與鍵 / 值對更方便，你可以使用 BeautifulSoupd 的 select 函式與每個資訊的 CSS 選擇器字串組成的選擇器字典物件：

```
class Content:
    """
    各種文章 / 網頁的基本類別
    """

    def __init__(self, url, title, body):
        self.url = url
        self.title = title
        self.body = body

    def print(self):
        """
        彈性輸出函式控制輸出
        """
        print("URL: {}".format(self.url))
        print("TITLE: {}".format(self.title))
        print("BODY:\n{}".format(self.body))


class Website:
    """
    含網站結構資訊
    """

    def __init__(self, name, url, titleTag, bodyTag):
        self.name = name
        self.url = url
        self.titleTag = titleTag
        self.bodyTag = bodyTag
```

請注意，Website 類別不儲存搜集自個別網頁的資訊，而是儲存如何搜集該資料的指令。它不儲存“My Page Title”標題，只儲存表示標題從何處尋找的 h1 標籤字串。這是該類別稱為 Website（適用於整個網站）而非 Content（單一網頁中的資訊）的原因。

使用 Content 與 Website 類別撰寫 Crawler 來擷取 URL 指定的網站上指定的網頁的標題與內容：

```
import requests
from bs4 import BeautifulSoup

class Crawler:

    def getPage(self, url):
        try:
            req = requests.get(url)
        except requests.exceptions.RequestException:
            return None
        return BeautifulSoup(req.text, 'html.parser')

    def safeGet(self, pageObj, selector):
        """
        從 BeautifulSoup 物件與選擇器取得
        內容字串的工具函式。若沒有找到指定
        選擇器的物件則回傳空字串
        """
        selectedElems = pageObj.select(selector)
        if selectedElems is not None and len(selectedElems) > 0:
            return '\n'.join(
            [elem.get_text() for elem in selectedElems])
        return ''

    def parse(self, site, url):
        """
        從指定網頁 URL 擷取內容
        """
        bs = self.getPage(url)
        if bs is not None:
            title = self.safeGet(bs, site.titleTag)
            body = self.safeGet(bs, site.bodyTag)
            if title != '' and body != '':
                content = Content(url, title, body)
                content.print()
```

以下是定義網站物件並啟動程序的程式：

```
crawler = Crawler()

siteData = [
    ['O\'Reilly Media', 'http://oreilly.com',
    'h1', 'section#product-description'],
    ['Reuters', 'http://reuters.com', 'h1',
```

```
    'div.StandardArticleBody_body_1gnLA'],
    ['Brookings', 'http://www.brookings.edu',
    'h1', 'div.post-body'],
    ['New York Times', 'http://nytimes.com',
    'h1', 'p.story-content']
]
websites = []
for row in siteData:
    websites.append(Website(row[0], row[1], row[2], row[3]))

crawler.parse(websites[0], 'http://shop.oreilly.com/product/'\
    '0636920028154.do')
crawler.parse(websites[1], 'http://www.reuters.com/article/'\
    'us-usa-epa-pruitt-idUSKBN19W2D0')
crawler.parse(websites[2], 'https://www.brookings.edu/blog/'\
    'techtank/2016/03/01/idea-to-retire-old-methods-of-policy-education/')
crawler.parse(websites[3], 'https://www.nytimes.com/2018/01/'\
    '28/business/energy-environment/oil-boom.html')
```

雖然此新方法乍看之下似乎不會比為每個網站撰寫新的 Python 函式簡單，但想象一下若來源從 4 個網站變成 20 或 200 個網站會怎麼樣。

字串清單相對容易撰寫。它不佔很多空間。它可以從資料庫或 CSV 檔案載入。它可以從遠端來源匯入或由其他沒有程式設計經驗的人交出，且他們不用看過一行程式。

當然，缺點是你放棄了部分彈性。在第一個例子中，每個網站能有任意形式的選取與解譯來產生最終結果。在第二個例子中，每個網站都必須具有特定結構、資料必須清楚、且每個目標欄位必須有獨特與可靠的 CSS 選擇器。

但我相信這種方法的能力與彈性遠超過其缺點。下一節會討論此基本模板的應用與擴充，例如處理不見的欄、搜集不同型別資料、爬網站的特定部分與儲存更複雜的資訊。

建構爬行程序

若還是必須手動找出每個連結，則建構有彈性且可修改的網站佈局型別並沒有多大幫助。前一章顯示各種自動爬行網站並找出新網頁的方法。

這一節展示如何利用這些方法建構可擴展的網站爬行程序以自動化搜集連結與發現資料。我只示範三種基本網頁爬行程序結構，但我相信它們稍微修改後適用於大多數情境。若遇到特殊狀況，我也希望你從這些結構得到啟發以做出好設計。

透過搜尋爬網站

爬網站的最簡單方法之一與人所做的方法相同：使用搜尋功能。雖然網站間關鍵字或主題搜尋的結果看似很不同，有幾個重點讓它很簡單：

- 大部分網站透過傳遞 URL 的主題參數字串產生搜尋結果，例如 *http://example.com?search=myTopic*。此 URL 的第一個部分可儲存為 `Website` 物件的屬性，而主題可從後面加上去。
- 大部分網站的搜尋結果很容易識別出連結，通常以 `<span class="result">` 這樣的標籤包圍，其格式也可儲存成 `Website` 物件的屬性。
- 搜尋結果的連結可能是相對 URL（例如 /articles/page.html）或絕對 URL（例如 *http://example.com/articles/page.html*）。無論是哪一種都可以儲存成 `Website` 物件的屬性。
- 從搜尋頁找到並將 URL 正規化後，你已經成功的將問題變成前一節的範例──以網站格式從網頁擷取資料。

讓我們看看這個演算法的程式實作。`Content` 類別與前面的範例相同。你加入 URL 屬性以記錄是否找到內容：

```
class Content:
    """ 各種文章 / 網頁的基本類別 """

    def __init__(self, topic, url, title, body):
        self.topic = topic
        self.title = title
        self.body = body
        self.url = url

    def print(self):
        """
        彈性輸出函式控制輸出
        """
        print("New article found for topic: {}".format(self.topic))
        print("TITLE: {}".format(self.title))
        print("BODY:\n{}".format(self.body))
        print("URL: {}".format(self.url))
```

`Website` 類別有幾個新屬性。`searchUrl` 定義從哪裡加上搜尋主題取得搜尋結果。`resultListing` 定義儲存每個搜尋結果的“區塊”。`resultUrl` 定義區塊中帶有搜尋結果 URL 的標籤。`absoluteUrl` 屬性表示搜尋結果是相對或絕對 URL。

```
class Website:
    """ 帶有網站結構資訊 """

    def __init__(self, name, url, searchUrl, resultListing,
        resultUrl, absoluteUrl, titleTag, bodyTag):
        self.name = name
        self.url = url
        self.searchUrl = searchUrl
        self.resultListing = resultListing
        self.resultUrl = resultUrl
        self.absoluteUrl=absoluteUrl
        self.titleTag = titleTag
        self.bodyTag = bodyTag
```

crawler.py 已經擴充並含有 `Website` 資料、搜尋主題清單與兩個迭代所有網站與主題的迴圈。它還含有到網站與主題搜尋結果頁擷取所有搜尋結果的 `search` 函式。

```
import requests
from bs4 import BeautifulSoup


class Crawler:

    def getPage(self, url):
        try:
            req = requests.get(url)
        except requests.exceptions.RequestException:
            return None
        return BeautifulSoup(req.text, 'html.parser')

    def safeGet(self, pageObj, selector):
        childObj = pageObj.select(selector)
        if childObj is not None and len(childObj) > 0:
            return childObj[0].get_text()
        return ""

    def search(self, topic, site):
        """
        搜尋指定網站的指定主題並記錄所有被發現的網頁
        """
        bs = self.getPage(site.searchUrl + topic)
        searchResults = bs.select(site.resultListing)
        for result in searchResults:
            url = result.select(site.resultUrl)[0].attrs["href"]
            # 檢查是否為絕對或相對 URL
            if(site.absoluteUrl):
                bs = self.getPage(url)
```

```
            else:
                bs = self.getPage(site.url + url)
            if bs is None:
                print("Something was wrong with that page or URL. Skipping!")
                return
            title = self.safeGet(bs, site.titleTag)
            body = self.safeGet(bs, site.bodyTag)
            if title != '' and body != '':
                content = Content(topic, title, body, url)
                content.print()


crawler = Crawler()

siteData = [
    ['O\'Reilly Media', 'http://oreilly.com',
        'https://ssearch.oreilly.com/?q=','article.product-result',
        'p.title a', True, 'h1', 'section#product-description'],
    ['Reuters', 'http://reuters.com',
        'http://www.reuters.com/search/news?blob=',
        'div.search-result-content','h3.search-result-title a',
        False, 'h1', 'div.StandardArticleBody_body_1gnLA'],
    ['Brookings', 'http://www.brookings.edu',
        'https://www.brookings.edu/search/?s=',
        'div.list-content article', 'h4.title a', True, 'h1',
        'div.post-body']
]
sites = []
for row in siteData:
    sites.append(Website(row[0], row[1], row[2],
                         row[3], row[4], row[5], row[6], row[7]))

topics = ['python', 'data science']
for topic in topics:
    print("GETTING INFO ABOUT: " + topic)
    for targetSite in sites:
        crawler.search(topic, targetSite)
```

此腳本逐個處理 **topics** 清單中的主題並在開始擷取一個主題前先宣告：

```
GETTING INFO ABOUT python
```

然後它逐個處理 **sites** 清單中的網站並爬行每個網站的每個主題。每次它成功的擷取一個網頁的資訊就輸出到控制台：

```
New article found for topic: python
URL: http://example.com/examplepage.html
TITLE: Page Title Here
BODY: Body content is here
```

請注意，它逐個處理所有主題，然後在內層迴圈逐個處理所有網站。為什麼不反過來搜集一個網站的所有主題然後搜集下一個網站的所有主題？先處理主題是更為平均分散網站伺服器負載的辦法。這在有數百個主題與十幾個網站時很重要。你不會對一個網站一次發出數千個請求；你發出十個請求，等待幾分鐘，發出另外十個請求，等待幾分鐘，以此類推。

雖然兩種方式的請求數量最終相等，將請求分散更為合理。一個簡單的分散方式是注意迴圈的設計。

透過連結爬行網站

前面的章節討論過識別網頁上的內部與外部連結然後使用這些連結跨網站的方法。這一節會結合這些基本方法組成更彈性的網站爬行程序以跟隨符合特定 URL 樣式的連結。

這種爬行程序在你想要搜集一個網站的所有資料而不只是特定搜尋結果或網頁列表時運作的很好。它也適用於網站的網頁雜亂或散開時。

這種爬行程序不需要軟體前一節的結構化方法以找出連結，因此 `Website` 物件不需要描述搜尋網頁的屬性。但由於爬行程序沒有找尋 / 定位連結的特定指令，你需要告訴它選擇什麼網頁的規則。輸入 `targetPattern`（目標 URL 的正規表示式）且保持 `absoluteRul` 變數來完成：

```
class Website:
    def __init__(self, name, url, targetPattern, absoluteUrl,
        titleTag, bodyTag):
        self.name = name
        self.url = url
        self.targetPattern = targetPattern
        self.absoluteUrl=absoluteUrl
        self.titleTag = titleTag
        self.bodyTag = bodyTag

class Content:
    def __init__(self, url, title, body):
        self.url = url
        self.title = title
```

```
        self.body = body

    def print(self):
        print("URL: {}".format(self.url))
        print("TITLE: {}".format(self.title))
        print("BODY:\n{}".format(self.body))
```

Content 類別與第一個爬行程序範例使用的相同。

Crawler 類別從每個網站的首頁開始，找出內部連結並解析每個內部連結的內容：

```
import re

class Crawler:
    def __init__(self, site):
        self.site = site
        self.visited = []

    def getPage(self, url):
        try:
            req = requests.get(url)
        except requests.exceptions.RequestException:
            return None
        return BeautifulSoup(req.text, 'html.parser')

    def safeGet(self, pageObj, selector):
        selectedElems = pageObj.select(selector)
        if selectedElems is not None and len(selectedElems) > 0:
            return '\n'.join([elem.get_text() for
                elem in selectedElems])
        return ''

    def parse(self, url):
        bs = self.getPage(url)
        if bs is not None:
            title = self.safeGet(bs, self.site.titleTag)
            body = self.safeGet(bs, self.site.bodyTag)
            if title != '' and body != '':
                content = Content(url, title, body)
                content.print()

    def crawl(self):
        """
        從首頁取得網頁
        """
        bs = self.getPage(self.site.url)
        targetPages = bs.findAll('a',
```

```
            href=re.compile(self.site.targetPattern))
        for targetPage in targetPages:
            targetPage = targetPage.attrs['href']
            if targetPage not in self.visited:
                self.visited.append(targetPage)
                if not self.site.absoluteUrl:
                    targetPage = '{}{}'.format(self.site.url, targetPage)
                self.parse(targetPage)

reuters = Website('Reuters', 'https://www.reuters.com', '^(/article/)', False,
    'h1', 'div.StandardArticleBody_body_1gnLA')
crawler = Crawler(reuters)
crawler.crawl()
```

另一個改變是前面的範例沒有的：`Website` 物件（此例中的 `reuters` 變數）是 `Crawler` 物件的屬性。它在爬行程序中儲存造訪過的網頁（`visited`），但每個網站啟動新的爬行程序而非重複使用同一個程序爬行網站清單。

無論是選擇網站無關的爬行程序或將網站作為抓取工具的屬性都是一項設計決策，你必須根據自己的特定需求來衡量。這兩種方法通常都很好。

另外要注意此爬行程序會從首頁取得網頁，這些網頁都記錄下之後就不會繼續爬行。你可以撰寫合併第 3 章的模式的爬行程序讓它尋找更多標的。你甚至可以繼續尋找每個網頁上的每個連結（不只是符合目標樣式）來找出帶有目標樣式的 URL。

爬行多種網頁型別

不像爬行預先設定的網頁，爬行網站所有內部連結有個挑戰是你不知道會遇到什麼。幸好，有幾個識別網頁型別的基本方法：

以 *URL* 識別

所有部落格發文都有過 URL（例如 *http://example.com/blog/title-of-post*）

以特定欄位識別

若網頁有日期但無作者名，可將它視為公關稿。若有標題、主影像、價格，但無主要內容，它可能是產品頁

以特定標籤識別

你甚至可以利用不需搜集其資料的標籤。爬行程序可能會以 `<div id="related-products">` 標籤識別此網頁為產品頁，雖然爬行程序並不需要其中的資料。

要記錄多種網頁類型，你必須有多種 Python 網頁物件型別。

若網頁都很相似（基本上是同一種內容），你可能想要在網頁物件中加上 pageType 屬性：

```
class Website:
    """ 各種文章 / 網頁的基本類別 """

    def __init__(self, type, name, url, searchUrl, resultListing,
        resultUrl, absoluteUrl, titleTag, bodyTag):
        self.name = name
        self.url = url
        self.titleTag = titleTag
        self.bodyTag = bodyTag
        self.pageType = pageType
```

若要在類似 SQL 的資料庫中儲存這些網頁，這種模式表示所有網頁或許會儲存在同一個資料表中並加上 pageType 欄。

若網頁 / 內容類型不相同（有不同類型的欄位），則需要為每個網頁型別建立新的物件。當然，網頁間有些共同的部分──都有 URL，可能也會有名稱或標題。這是使用子類別的好時機：

```
class Webpage:
    """ 各種文章 / 網頁的基本類別 """

    def __init__(self, name, url, titleTag):
        self.name = name
        self.url = url
        self.titleTag = titleTag
```

這不是爬行程序直接使用的物件，但會被你的網頁型別參考：

```
class Product(Website):
    """ 保存產品頁資訊 """
    def __init__(self, name, url, titleTag, productNumber, price):
        Website.__init__(self, name, url, TitleTag)
        self.productNumberTag = productNumberTag
        self.priceTag = priceTag

class Article(Website):
    """ 保存文章頁資訊 """
    def __init__(self, name, url, titleTag, bodyTag, dateTag):
        Website.__init__(self, name, url, titleTag)
        self.bodyTag = bodyTag
        self.dateTag = dateTag
```

Product 擴充 Website 基底類別並加入 productNumber 與 price 兩個產品特有屬性，而 Article 類別加入產品沒有的 body 與 date 屬性。

你可以使用這兩個類別擷取除了產品之外還帶有部落格或公關稿的商店網站。

思考網站爬行程序模型

從網際網路搜集資訊如同從消防栓喝水。有很多東西在那裡，但不一定清楚你需要什麼或怎麼使用。任何大型（甚或是小型）網站擷取專案的第一個步驟應該是回答這些問題。

從多個網站或來源搜集類似資料時，你應該測試將其正規化。處理欄位相同的資料較欄位與原始來源相同的資料簡單。

大多情況下，你應該假設未來會有更多資料來源且目標是減少新增來源時的工作量。就算網站不符合你的模型，可能還是有更好的符合方法。看穿這些模式可以節省你的時間與成本。

資料間的關聯也不應該忽視。“款式”、“尺寸”、“分類”等屬性是否通用？你如何儲存、讀取、將這些屬性概念化？

軟體架構是個大題目，需要整個職業生涯去掌握。幸好網站擷取的架構相對較小並容易獲得。隨著你繼續擷取資料，你會發現一些基本模式不停的出現。建構好的網站擷取程序不需要艱深的知識，但需要思考你的專案。

第五章

Scrapy

前一章討論建構大型、可擴充與可維護（最重要！）網站爬行程序的技巧與模式。雖然可以自己寫，但有許多函式庫、框架與 GUI 工具能提供幫助。

這一章介紹爬行程序最佳框架之一：Scrapy。本書第一版寫作時，Scrapy 還沒有釋出 Python 3.x 的版本，然後此函式庫新增 Python 3.3+ 的支援，加入了新的功能，我很高興能在這一個專門討論的章節中擴充這些部分。

撰寫網站爬行程序的挑戰之一是經常反覆的執行相同的任務：找出網頁上的所有連結、評估內部與外部連結的差異、前進新的網頁。這些基本模式可以從頭寫起，但 Scrapy 函式庫能幫你處理許多細節。

當然，Scrapy 不會讀心術。你還是得定義網頁模板、給它起點位置、定義你要的 URL 樣式。但它提供清楚的框架讓你的程式保持整潔。

安裝 Scrapy

Scrapy 在它的網站提供下載（*http://scrapy.org/download/*）以及 pip 等第三方安裝管理員的安裝指令。

由於相對較大且複雜，Scrapy 不像一般框架可使用下列命令安裝。

```
$ pip install Scrapy
```

請注意，我說的“一般”是因為理論上可行，但或多或少會遇到相依性、版本與 bug 等問題。

若你還是決定從 pip 安裝 Scrapy，建議使用虛擬環境（見第 1 章“以虛擬環境保持函式庫的整潔”一節）。

我偏好的安裝方式是透過 Anaconda 套件管理員（*https://docs.continuum.io/anaconda/*）。Anaconda 是 Continuum 公司的產品，用於安裝 Python 資料科學套件。這一章後面會使用 NumPy 與 NLTK 等它管理的套件。

安裝 Anaconda 後，你可以用下列命令安裝 Scrapy：

```
conda install -c conda-forge scrapy
```

若有問題，或需要最新資訊，參見 Scrapy 安裝指南（*https://doc.scrapy.org/en/latest/intro/install.html*）。

Spider 初始化

安裝 Scrapy 框架後，每個 spider 都需要設定工作。*spider* 是用於爬行網站的 Scapy 專案。我以“spider”表示 Scrapy 專案，而“爬行程序”表示“無論是否使用 Scrapy 的爬行程序”。

要在目前目錄建構新的 spider，從命令列執行下列命令：

```
$ scrapy startproject wikiSpider
```

它會在專案目錄下建構標題為 wikiSpider 的子目錄。此目錄結構如下：

- *scrapy.cfg*
- *wikiSpider*

  —*spiders*

    —*__init.py__*

  —*items.py*

  —*middlewares.py*

這些 Python 檔案中含有建構新 spider 專案的程式。這一章的各節內容均使用 *wikiSpider* 專案。

撰寫一個簡單的擷取程序

要建構一個爬行程序，你會在 spiders 目錄新增一個檔案：*wikiSpider/wikiSpider/spiders/article.py*。在新建構的 *article.py* 檔案中寫下：

```
import scrapy

class ArticleSpider(scrapy.Spider):
    name='article'

    def start_requests(self):
        urls = [
            'http://en.wikipedia.org/wiki/Python_'
            '%28programming_language%29',
            'https://en.wikipedia.org/wiki/Functional_programming',
            'https://en.wikipedia.org/wiki/Monty_Python']
        return [scrapy.Request(url=url, callback=self.parse)
            for url in urls]

    def parse(self, response):
        url = response.url
        title = response.css('h1::text').extract_first()
        print('URL is: {}'.format(url))
        print('Title is: {}'.format(title))
```

此類別（`ArticleSpider`）的名稱與目錄名稱（*wikiSpider*）不同，這表示此類別只負責文章頁，它上面的 *wikiSpider* 稍後會用於搜尋其他網頁型別。

對有許多內容型別的大網站，你可能會分離每一種型別（部落格、公關稿、文章等）的 Scrapy 項目，各具有不同的欄位，但都在同一個 Scrapy 專案下。專案中的每個 spider 必須有獨特的名稱。

另一個重要事項是此 spider 帶有 `start_requests` 與 `parse` 函式。

`start_request` 是 Scrapy 定義的程式進入點，用於產生爬行網站的 `Request` 物件。

`parse` 是使用者定義的 callback 函式，它以 `callback=self.parse` 傳給 `Request` 物件。後面會討論 `parse` 函式可以做的其他功能，但現在它只是輸出網頁標題。

你可以從 *wikiSpider/wikiSpider* 目錄執行下列命令來跑 `article` 這個 spider：

```
$ scrapy runspider article.py
```

預設輸出相當囉嗦，包括除錯資訊：

```
2018-01-21 23:28:57 [scrapy.core.engine] DEBUG: Crawled (200)
<GET https://en.wikipedia.org/robots.txt> (referer: None)
2018-01-21 23:28:57 [scrapy.downloadermiddlewares.redirect]
DEBUG: Redirecting (301) to <GET https://en.wikipedia.org/wiki/
Python_%28programming_language%29> from <GET http://en.wikipedia.org/
wiki/Python_%28programming_language%29>
2018-01-21 23:28:57 [scrapy.core.engine] DEBUG: Crawled (200)
<GET https://en.wikipedia.org/wiki/Functional_programming>
(referer: None)
URL is: https://en.wikipedia.org/wiki/Functional_programming
Title is: Functional programming
2018-01-21 23:28:57 [scrapy.core.engine] DEBUG: Crawled (200)
<GET https://en.wikipedia.org/wiki/Monty_Python> (referer: None)
URL is: https://en.wikipedia.org/wiki/Monty_Python
Title is: Monty Python
```

此擷取程序爬 `start_urls` 中的三個網頁、搜集資訊、然後結束。

爬行規則

前一節的 spider 不算是爬行程序，只擷取預先定義的 URL。它無法尋找新網頁。要將它轉變成完整的爬行程序，你必須使用 Scrapy 提供的 `CrawlSpider` 類別。

GitHub 程式庫中的程式組織

很不幸的，Scrapy 框架無法輕易的在 Jupyter notebook 中執行，使得程式進展難以表現。為展示所有程式範例，前一節的擷取程序儲存在 *article.py* 檔案中，而以下遍歷多網頁的 Scrapy 的 spider 儲存在 *articles.py* 中（請注意複數的 s）。

後面的範例也會儲存在不同檔案中，每一節有個新檔案名稱。執行這些範例時要確保使用正確的檔案名稱。

此類別見 Github 程式庫中的 *articles.py*：

```
from scrapy.contrib.linkextractors import LinkExtractor
from scrapy.contrib.spiders import CrawlSpider, Rule

class ArticleSpider(CrawlSpider):
    name = 'articles'
    allowed_domains = ['wikipedia.org']
```

```
    start_urls = ['https://en.wikipedia.org/wiki/'
        'Benevolent_dictator_for_life']
    rules = [Rule(LinkExtractor(allow=r'.*'), callback='parse_items',
        follow=True)]

    def parse_items(self, response):
        url = response.url
        title = response.css('h1::text').extract_first()
        text = response.xpath('//div[@id="mw-content-text"]//text()')
            .extract()
        lastUpdated = response.css('li#footer-info-lastmod::text')
            .extract_first()
        lastUpdated = lastUpdated.replace(
            'This page was last edited on ', '')
        print('URL is: {}'.format(url))
        print('title is: {} '.format(title))
        print('text is: {}'.format(text))
        print('Last updated: {}'.format(lastUpdated))
```

新的 `ArticleSpider` 擴充 `CrawlSpider` 類別。相較於提供 `start_requests` 函式，它提供 `start_urls` 與 `allowed_domains` 清單。這告訴 spider 從哪裡開始爬與是否根據網域忽略連結。

它還提供 `rules` 清單以指示是否要忽略連結（此例中 `.*` 這個正規表示式容許所有 URL）。

除了擷取每個網頁的標題與 URL 還加入了幾個新項目。每個網頁的文字內容以 XPath 選擇器擷取。XPath 經常用於讀取子標籤內的文字內容（例如文字區塊中的 `<a>` 標籤）。若使用 CSS 選擇器則會忽略子標籤中的文字。

最後修改日期字串也從頁尾讀取並儲存在 `lastUpdated` 變數中。

你可以到 *wikiSpider/wikiSpider* 目錄執行此範例：

```
$ scrapy runspider articles.py
```

警告：它會不停執行

此 spider 與之前的一樣從命令列執行，但不會終止（至少要很久的時間）直到你按下 Ctrl-C 或關閉終端機。請勿長時間增加維基伺服器的負載。

此 spider 執行時會遍歷 *wikipedia.org*，循著 *winkipedia.org* 下的連結輸出網頁標題並忽略所有外部（網站以外）的連結：

```
2018-01-21 01:30:36 [scrapy.spidermiddlewares.offsite]
DEBUG: Filtered offsite request to 'www.chicagomag.com':
<GET http://www.chicagomag.com/Chicago-Magazine/June-2009/
Street-Wise/>
2018-01-21 01:30:36 [scrapy.downloadermiddlewares.robotstxt]
DEBUG: Forbidden by robots.txt: <GET https://en.wikipedia.org/w/
index.php?title=Adrian_Holovaty&action=edit&section=3>
title is: Ruby on Rails
URL is: https://en.wikipedia.org/wiki/Ruby_on_Rails
text is: ['Not to be confused with ', 'Ruby (programming language)',
 '.', '\n', '\n', 'Ruby on Rails', ... ]
Last updated:  9 January 2018, at 10:32.
```

這是相當好的爬行程序，但有些限制。相較於只造訪維基的文章頁，它也來回於非文章頁，例如：

```
title is: Wikipedia:General disclaimer
```

讓我們深入檢視使用 Scrapy 的 `Rule` 與 `LinkExtractor` 的這一行：

```
rules = [Rule(LinkExtractor(allow=r'.*'), callback='parse_items',
    follow=True)]
```

這一行提供定義 Scrapy 過濾連結的 `Rule` 物件清單。有多個規則時，每個連結都會依序檢查。第一個相符的規則用於判斷該連結要如何處理。若連結不符任何規則就忽略。

`Rule` 有六個參數：

`link_extractor`

唯一必要的參數，是個 `LinkExtractor` 物件。

`callback`

用於解譯網頁內容的函式。

`cb_kwargs`

傳給 callback 函式的參數字典。此字典的格式為 `{arg_name1: arg_value1, arg_name2: arg_value2}`，可重複用於稍微不同任務的相同解析函式。

`follow`

表示是否要爬行該網頁上的連結。若沒有提供 callback 函式，它的預設為 `True`（很合理，若你不對該網頁做任何事，至少會想要使用它繼續爬行網站）。若有提供 callback 函式則預設為 `False`。

LinkExtractor 類別唯一的目的是辨識並根據規則回傳連結。它有幾個參數用於根據 CSS 與 XPath 選擇器、標籤（你不只可以查詢 anchor 標籤中的連結）、網域等接受或拒絕連結。

LinkExtractor 類別也可以擴充與自定參數。更多資訊見 Scrapy 的文件（*https://doc.scrapy.org/en/latest/topics/link-extractors.html*）。

除了 LinkExtractor 類別的功能外，最常使用的參數包括：

allow

容許符合正規表示式的所有連結

deny

拒絕符合正規表示式的所有連結

你可以在一個解析函式中使用 Rule 與 LinkExtractor 來建構爬行維基並識別文章與非文章網頁的 spider（*articlesMoreRules.py*）：

```
from scrapy.contrib.linkextractors import LinkExtractor
from scrapy.contrib.spiders import CrawlSpider, Rule

class ArticleSpider(CrawlSpider):
    name = 'articles'
    allowed_domains = ['wikipedia.org']
    start_urls = ['https://en.wikipedia.org/wiki/'
        'Benevolent_dictator_for_life']
    rules = [
        Rule(LinkExtractor(allow='^(/wiki/)((?!:).)*$'),
            callback='parse_items', follow=True,
            cb_kwargs={'is_article': True}),
        Rule(LinkExtractor(allow='.*'), callback='parse_items',
            cb_kwargs={'is_article': False})
    ]

    def parse_items(self, response, is_article):
        print(response.url)
        title = response.css('h1::text').extract_first()
        if is_article:
            url = response.url
            text = response.xpath('//div[@id="mw-content-text"]'
                '//text()').extract()
            lastUpdated = response.css('li#footer-info-lastmod'
                '::text').extract_first()
            lastUpdated = lastUpdated.replace('This page was '
```

```
                'last edited on ', '')
            print('Title is: {} '.format(title))
            print('title is: {} '.format(title))
            print('text is: {}'.format(text))
        else:
            print('This is not an article: {}'.format(title))
```

記得規則以清單中出現順序檢查每個連結。所有文章頁（以 */wiki/* 開始且沒有冒號）都先傳給預設 `is_article=True` 的 `parse_items` 函式。然後其他非文章連結都傳給 `is_article=False` 的 `parse_items` 函式。

當然，若你只要搜集文章頁，這種做法就不實際了。忽略不符文章 URL 樣式的網頁且不使用第二個規則（與 `is_article` 變數）比較簡單。但這種方式在 URL 或內容會影響解析方式時很有用。

建構項目

你已經看過使用 Scrapy 找尋、解析與爬行網站的多種方式，但 Scrapy 還提供工具讓你搜集項目並儲存在自定物件的欄位中。

為幫助安排你搜集到的資訊，你必須建構 `Article` 物件。在 items.py 檔案中定義稱為 `Article` 的新項目。

開啟 *items.py* 檔案時應該像這樣：

```
# -*- coding: utf-8 -*-

# Define here the models for your scraped items
#
# See documentation in:
# http://doc.scrapy.org/en/latest/topics/items.html

import scrapy

class WikispiderItem(scrapy.Item):
    # define the fields for your item here like:
    # name = scrapy.Field()
    pass
```

將預設的 `Item` 以擴充 `scrapy.Item` 的新 `Article` 類別取代：

```
import scrapy

class Article(scrapy.Item):
    url = scrapy.Field()
    title = scrapy.Field()
    text = scrapy.Field()
    lastUpdated = scrapy.Field()
```

你定義了從每個網頁搜集的三個欄位：標題、URL 與最後修改日期。

若從多種網頁型別中搜集資料，你應該在 *items.py* 中分別定義每個型別的類別。若項目很大或將更多的解析功能放在項目物件中，你可能會想要將每個項目放在單獨的檔案中。但項目很小時，我會將它們放在同一個檔案中。

請注意，*articleSpider.py* 檔案中對 `ArticleSpider` 的修改建構新的 `Article` 項目：

```
from scrapy.contrib.linkextractors import LinkExtractor
from scrapy.contrib.spiders import CrawlSpider, Rule
from wikiSpider.items import Article

class ArticleSpider(CrawlSpider):
    name = 'articleItems'
    allowed_domains = ['wikipedia.org']
    start_urls = ['https://en.wikipedia.org/wiki/Benevolent'
        '_dictator_for_life']
    rules = [
        Rule(LinkExtractor(allow='(/wiki/)((?!:).)*$'),
            callback='parse_items', follow=True),
    ]

    def parse_items(self, response):
        article = Article()
        article['url'] = response.url
        article['title'] = response.css('h1::text').extract_first()
        article['text'] = response.xpath('//div[@id='
            '"mw-content-text"]//text()').extract()
        lastUpdated = response.css('li#footer-info-lastmod::text')
            .extract_first()
        article['lastUpdated'] = lastUpdated.replace('This page was '
            'last edited on ', '')
        return article
```

如下執行：

```
$ scrapy runspider articleItems.py
```

它會輸出 Scrapy 的除錯資訊與 Python 字典中的每個文章項目：

```
2018-01-21 22:52:38 [scrapy.spidermiddlewares.offsite] DEBUG:
Filtered offsite request to 'wikimediafoundation.org':
<GET https://wikimediafoundation.org/wiki/Terms_of_Use>
2018-01-21 22:52:38 [scrapy.core.engine] DEBUG: Crawled (200)
<GET https://en.wikipedia.org/wiki/Benevolent_dictator_for_life
#mw-head> (referer: https://en.wikipedia.org/wiki/Benevolent_
dictator_for_life)
2018-01-21 22:52:38 [scrapy.core.scraper] DEBUG: Scraped from
<200 https://en.wikipedia.org/wiki/Benevolent_dictator_for_life>
{'lastUpdated': ' 13 December 2017, at 09:26.',
'text': ['For the political term, see ',
         'Benevolent dictatorship',
         '.',
         ...
```

使用 Scrapy 的 `Items` 不只讓程式更有組織或輸出更可讀，它還提供許多輸出與處理資料工具，下一節會討論。

輸出項目

Scrapy 使用 `Item` 物件來判斷要儲存網頁上的什麼資訊。此資訊可透過 Scrapy 的命令以各種方式儲存，像是 CSV、JSON、或 XML 檔案：

```
$ scrapy runspider articleItems.py -o articles.csv -t csv
$ scrapy runspider articleItems.py -o articles.json -t json
$ scrapy runspider articleItems.py -o articles.xml -t xml
```

每個命令執行擷取程序的 `articleItems` 並以指定格式輸出到指定檔案。若檔案還不存在就會建立新檔案。

你可能注意到前面的範例中建構的文章 spider 中，文字變數是字串清單而非單一字串。此清單中的每個字串代表一個 HTML 元素中的文字，如 `<div id="mw-content-text">` 中的內容由多個子元素組成。

Scrapy 也管理這些更為複雜的值。舉例來說，在 CSV 格式中，它會轉換清單成字串並跳脫所有逗號使文字清單顯示為單一 CSV 格。

在 XML 中，清單的每個元素被保留在子值標籤中：

```
<items>
<item>
    <url>https://en.wikipedia.org/wiki/Benevolent_dictator_for_life</url>
```

```
        <title>Benevolent dictator for life</title>
        <text>
            <value>For the political term, see </value>
            <value>Benevolent dictatorship</value>
            ...
        </text>
        <lastUpdated> 13 December 2017, at 09:26.</lastUpdated>
    </item>
    ....
```

在 JSON 格式中，清單保留為清單。

當然，你可以自行將 `Item` 物件以適當的程式寫入檔案或資料庫。

項目 pipeline

雖然 Scrapy 是單執行緒的，但它能夠非同步的發出於處理多個請求。這讓它比之前的範例都快，但我認為爬網站快不一定比較好。

你要爬的網站伺服器必須處理每一個請求，有良心的人會思考這種對伺服器的壓榨是否合宜（有些網站有能力阻斷爬網站活動）。更多網站擷取倫理資訊見第 18 章。

使用 Scrapy 的項目 pipeline 可在等待回傳時執行資料處理而無需等待處理完成後再發出另一個請求以加速網站擷取。資料處理需要很多時間或要密集運算時這種方式有時是有必要的。

要建構項目 pipeline，修改這一章前面建構的 *settings.py* 檔案，你應該會看到下面這幾行：

```
# Configure item pipelines
# See http://scrapy.readthedocs.org/en/latest/topics/item-pipeline.html
#ITEM_PIPELINES = {
#    'wikiSpider.pipelines.WikispiderPipeline': 300,
#}
```

拿掉最後三行的註解並改成：

```
ITEM_PIPELINES = {
    'wikiSpider.pipelines.WikispiderPipeline': 300,
}
```

它提供用於處理資料的 `wikiSpider.pipelines.WikispiderPipeline` 類別與代表執行多個類別時 pipeline 順序的整數。雖然可使用任何數字，但通常為 0-1000 且會依序執行。

接下來必須加入 pipeline 類別並重新撰寫 spider 以讓 spider 搜集資料而由 pipeline 處理資料。你有可能想要在原來的 spider 中以 `parse_items` 方法回傳回應並讓 pipeline 建構 `Article` 物件：

```
def parse_items(self, response):
    return response
```

但 Scrapy 框架不容許這麼做，且必須回傳 `Item` 物件（例如擴充 `Item` 的 `Article`）。因此 `parse_items` 的目標是擷取原始資料，盡可能少做處理並傳給 pipeline：

```
from scrapy.contrib.linkextractors import LinkExtractor
from scrapy.contrib.spiders import CrawlSpider, Rule
from wikiSpider.items import Article

class ArticleSpider(CrawlSpider):
    name = 'articlePipelines'
    allowed_domains = ['wikipedia.org']
    start_urls = ['https://en.wikipedia.org/wiki/Benevolent_dictator_for_life']
    rules = [
        Rule(LinkExtractor(allow='(/wiki/)((?!:).)*$'),
            callback='parse_items', follow=True),
    ]

    def parse_items(self, response):
        article = Article()
        article['url'] = response.url
        article['title'] = response.css('h1::text').extract_first()
        article['text'] = response.xpath('//div[@id='
            '"mw-content-text"]//text()').extract()
        article['lastUpdated'] = response.css('li#'
            'footer-info-lastmod::text').extract_first()
        return article
```

這個檔案在 GitHub 程式庫中儲存為 *articlePipelines.py*。

當然，接下來你必須組合 *settings.py* 檔案與修改過的 spider 以加入 pipeline。Scrapy 專案初始化時，此檔案位於 *wikiSpider/wikiSpider/settings.py*：

```
# -*- coding: utf-8 -*-

# Define your item pipelines here
#
# Don't forget to add your pipeline to the ITEM_PIPELINES setting
# See: http://doc.scrapy.org/en/latest/topics/item-pipeline.html


class WikispiderPipeline(object):
```

```
    def process_item(self, item, spider):
        return item
```

此類別應該以你寫的 pipeline 程式替換。你在前一節以原始格式搜集兩個欄且必須被處理：`lastUpdated`（代表日期的格式不良字串）與 `text`（混亂的字串陣列）。

下面的程式用於替換 *wikiSpider/wikiSpider/settings.py* 中的程式：

```
from datetime import datetime
from wikiSpider.items import Article
from string import whitespace

class WikispiderPipeline(object):
    def process_item(self, article, spider):
        dateStr = article['lastUpdated']
        article['lastUpdated'] = article['lastUpdated']
            .replace('This page was last edited on', '')
        article['lastUpdated'] = article['lastUpdated'].strip()
        article['lastUpdated'] = datetime.strptime(
            article['lastUpdated'], '%d %B %Y, at %H:%M.')
        article['text'] = [line for line in article['text']
            if line not in whitespace]
        article['text'] = ''.join(article['text'])
        return article
```

`WikispiderPipeline` 類別有個 `process_item` 方法接受 `Article` 物件，將 `lastUpdated` 字串解析成 Python 的 `datetime` 物件與組合字串清單成單一字串。

pipeline 類別必須要有 `process_item` 方法。Scrapy 使用此方法非同步的傳入搜集到的 `Items`。然後被解析回傳的 `Article` 物件會被記錄或如同前面的範例輸出到 JSON 或 CSV 檔案。

現在處理資料有兩個選擇：spider 中的 `parse_items` 方法或 pipeline 中的 `process_items` 方法。

不同任務的多個 pipeline 可於 *settings.py* 檔案中宣告，但 Scrapy 不管項目的型別而全部傳遞給每個 pipeline。專門的解析最好在交給 pipeline 前在 spider 中處理。但若解析需要花較長時間，可能要考慮檢查項目型別並放到 pipeline 中（可非同步處理）：

```
def process_item(self, item, spider):
    if isinstance(item, Article):
        # 特定文章的處理
```

處理什麼與在哪裡處理是撰寫 Scrapy 專案時很重要的考慮。

以 Scrapy 記錄

Scrapy 產生的除錯資訊很有用，但你可能注意到它很囉嗦。你可以在 Scrapy 專案的 *settings.py* 檔案中加入一行以調整記錄層級：

```
LOG_LEVEL = 'ERROR'
```

Scrapy 使用標準的記錄層級：

- CRITICAL
- ERROR
- WARNING
- DEBUG
- INFO

若選擇 ERROR，則只會顯示 CRITICAL 與 ERROR。若設定為 INFO 則顯示所有記錄，以此類推。

除了透過 *settings.py* 檔案控制記錄外，你也可以從命令列控制記錄。要將記錄輸出到記錄檔案中，從命令列定義記錄檔案：

```
$ scrapy crawl articles -s LOG_FILE=wiki.log
```

若檔案不存在則會在目前目錄建立新的記錄檔案並輸出到此檔案中使終端機畫面乾淨且只輸出你加入的 Python 輸出陳述。

更多資源

Scrapy 是處理爬行網站的工具，它自動化搜集所有 URL 並與預先定義的規則比較、確保所有 URL 都是獨特的、正規化相對 URL、並遞迴的深入網頁。

這一章只碰到 Scrapy 功能的表面，我建議你檢視 Scrapy 的文件（*https://doc.scrapy.org/en/latest/news.html*）與 Dimitrios Kouzis-Loukas 所著的《*Learning Scrapy*》（歐萊禮）。

Scrapy 是具有許多功能的大函式庫。它的功能合作無間，但能讓使用者輕鬆的開發自己的樣式。若你需要以 Scrapy 執行前面內容中沒有提到的功能，很可能有個方法（或多個方法）執行！

第六章

儲存資料

雖然輸出到終端機很有趣，對搜集資料與分析確沒什麼用。要讓網頁擷取程序更有用，你必須儲存擷取到的資訊。

這一章討論管理資料的三種主要方法。你需要網站後台或建構自己的 API 嗎？你或許需要擷取程序寫到資料庫中。需要快速簡單的方式搜集網路上的文件並儲存到硬碟上？你或許想要建構檔案。需要警示或每天搜集資料？寄 email 給你自己！

除了網站擷取，儲存與處理大量資料對新式程式設計應用很重要。事實上，這一章的資訊對後續章節內容很重要。若你不熟悉自動化資料儲存，則我建議你至少要略讀這一章。

媒體檔案

儲存媒體檔案有兩種主要方式：參考與下載檔案。你可以儲存檔案的 URL。這有多種好處：

- 擷取程序跑的比較快且在不下載檔案時佔用較少頻寬。
- 只儲存 URL 可節省空間。
- 只儲存 URL 比較容易寫且不需要處理檔案下載。
- 不下載檔案可緩解伺服器負載。

缺點是：

- 埋入 URL 被稱為**熱連結**，這麼做很容易被質疑。
- 你不想要使用別人的伺服器儲存你的應用程式的媒體。
- URL 參考的檔案很容易有變化。若熱連結別的網站上的圖片可能會產生意外情況。若儲存 URL 供之後下載或研究，最終它可能不見或變成其他東西。
- 真正的網頁瀏覽器不只是請求網頁的 HTML，它們還會下載網頁所需的其他內容。下載檔案能讓你的擷取程序看起來像是真人在瀏覽網站，這是有好處的。

若你不確定要儲存檔案或 URL，你應該自問是否有可能讀檔案超過一兩次或在資料庫中很少用到。若答案是後者，或許只儲存 URL 比較好。若是前者，下載！

讀取網頁內容的 `urllib` 函式庫還有讀取檔案內容的功能。下面的程式使用 `urllib.request.rulretrieve` 下載 URL 指向的圖片：

```
from urllib.request import urlretrieve
from urllib.request import urlopen
from bs4 import BeautifulSoup

html = urlopen('http://www.pythonscraping.com')
bs = BeautifulSoup(html, 'html.parser')
imageLocation = bs.find('a', {'id': 'logo'}).find('img')['src']
urlretrieve (imageLocation, 'logo.jpg')
```

它下載 *http://pythonscraping.com* 的 logo 並將它以 *logo.jpg* 儲存在腳本執行的目錄下。

這在下載單一檔案且知道檔案名稱時運作的很好，但大部分擷取程序不只是下載一個檔案就結束。下面的程式下載 *http://pythonscraping.com* 的首頁中所有標籤的 `src` 屬性指向的內部檔案：

```
import os
from urllib.request import urlretrieve
from urllib.request import urlopen
from bs4 import BeautifulSoup

downloadDirectory = 'downloaded'
baseUrl = 'http://pythonscraping.com'

def getAbsoluteURL(baseUrl, source):
    if source.startswith('http://www.'):
        url = 'http://{}'.format(source[11:])
    elif source.startswith('http://'):
```

```
        url = source
    elif source.startswith('www.'):
        url = source[4:]
        url = 'http://{}'.format(source)
    else:
        url = '{}/{}'.format(baseUrl, source)
    if baseUrl not in url:
        return None
    return url

def getDownloadPath(baseUrl, absoluteUrl, downloadDirectory):
    path = absoluteUrl.replace('www.', '')
    path = path.replace(baseUrl, '')
    path = downloadDirectory+path
    directory = os.path.dirname(path)

    if not os.path.exists(directory):
        os.makedirs(directory)

    return path

html = urlopen('http://www.pythonscraping.com')
bs = BeautifulSoup(html, 'html.parser')
downloadList = bs.findAll(src=True)

for download in downloadList:
    fileUrl = getAbsoluteURL(baseUrl, download['src'])
    if fileUrl is not None:
        print(fileUrl)

urlretrieve(fileUrl, getDownloadPath(baseUrl, fileUrl, downloadDirectory))
```

謹慎執行

你知道從網際網路下載檔案的警告嗎？此腳本下載它遇到的所有東西到你的電腦上。這包括腳本、*.exe* 執行檔與其他潛在惡意軟體。

覺得你不會執行下載檔案就安全了？特別是以管理員權限執行時你會有麻煩。若從網站下載一個將本身送到 *../../../../usr/bin/python* 的檔案呢？下次你從命令列執行 Python 腳本時就會將惡意軟體部署到你的電腦上！

此程式僅用於展示目的；它不能在沒有檢查檔案名稱下任意部署且只能用權限有限的賬號執行。備份你的檔案、不要儲存敏感資訊、使用一點常識。

此腳本使用 lambda 函式（見第 2 章）選擇首頁上有 src 屬性的標籤，然後將 URL 清理與正規化以取得每個下載的絕對路徑（確保拋棄外部連結）。然後以原來的路徑下載每個檔案到你的電腦的 *downloaded* 目錄下。

請注意，Python 的 os 模組用於讀取每個下載的目標目錄，並在有需要時建構這些目錄。os 模組作為 Python 與作業系統間的界面，可操作檔案路徑、建構目錄、取得執行中的行程資訊與環境變數以及其他資訊。

儲存資料到 CSV

CSV（*comma-separated values*，**逗號分隔值**）是儲存試算表資料最常見的檔案格式。Microsoft Excel 與許多應用程式都因為它的簡單性而支援它。下面是一個合法 CSV 檔案的例子：

```
fruit,cost
apple,1.00
banana,0.30
pear,1.25
```

如同 Python，空白字元很重要：每一列由換行字元分隔，而欄由逗號分隔（名稱依此而來）。其他 CSV 檔案形式（有時稱為**字元分隔值檔案**）使用 tab 或其他字元分隔列，但這些檔案格式較少見且支援也較少。

若要從網站下載並儲存 CSV 檔案而不做任何解譯或修改就用不到這一節。直接下載並使用前述方法儲存 CSV 檔案格式。

使用 Python 的 csv 函式庫修改或從頭開始建構一個 CSV 檔案很容易：

```
import csv

csvFile = open('test.csv', 'w+')
try:
    writer = csv.writer(csvFile)
    writer.writerow(('number', 'number plus 2', 'number times 2'))
    for i in range(10):
        writer.writerow( (i, i+2, i*2))
finally:
    csvFile.close()
```

要注意：在 Python 中建構的檔案若不存在則 Python 會自動建構它（但不含目錄）。若已經存在，則 Python 會以新資料覆寫檔案。

執行後你會看到一個 CSV 檔案：

```
number,number plus 2,number times 2
0,2,0
1,3,2
2,4,4
...
```

一個常見的網站擷取任務是讀取 HTML 資料表並輸出到 CSV 檔案。維基的文字編輯器比較（*https://en.wikipedia.org/wiki/Comparison_of_text_editors*）提供一個相當複雜的 HTML 資料表，帶有一些在寫入 CSV 前必須剔除的 HTML 垃圾。使用 BeautifulSoup 與 `get_text()` 函式可在少於 20 行內完成：

```
import csv
from urllib.request import urlopen
from bs4 import BeautifulSoup

html = urlopen('http://en.wikipedia.org/wiki/'
    'Comparison_of_text_editors')
bs = BeautifulSoup(html, 'html.parser')
# 主要的比較資料表目前是該網頁上的第一個資料表
table = bs.findAll('table',{'class':'wikitable'})[0]
rows = table.findAll('tr')

csvFile = open('editors.csv', 'wt+')
writer = csv.writer(csvFile)
try:
    for row in rows:
        csvRow = []
        for cell in row.findAll(['td', 'th']):
            csvRow.append(cell.get_text())
            writer.writerow(csvRow)
finally:
    csvFile.close()
```

有個抓取單一資料表的簡單方法

這個腳本適用於有多個 HTML 資料表必須轉換成多個 CSV 檔案或搜集多個 HTML 資料表到單一 CSV 檔案。但若只需執行一次，有個更好的工具：複製與貼上。選取 HTML 資料表內容並貼到 Excel 或 Google Docs 就可得到 CSV 檔案而不必執行腳本！

執行後會有個 CSV 格式的 *../files/editors.csv* 檔案儲存在本機。

MySQL

MySQL（官方的念法是“my es-kew-el”，但很多人念做“my sequel”）是最常見的開源關聯式資料庫管理系統。它有兩個勢均力敵的商業對手：Microsoft SQL Server 與 Oracle 的 DBMS。

它會受歡迎不是沒有原因的。大部分的應用程式選 MySQL 不會有問題。它可擴充、堅固、功能完整、很多網站都用它：YouTube[1]、Twitter[2]、Facebook[3] 等。

由於很常見、價格因素（“免費”是很好的價格）與方便使用，它很適合作為網站擷取專案的資料庫，本書後續也會使用它。

> **“關聯式”資料庫？**
>
> 關聯式資料是有關聯的資料。很高興能說明這一點！
>
> 開玩笑啦！電腦科學所謂的關聯式資料是指資料並非憑空冒出——它與其他資料有關聯。舉例來說：“使用者 A 到 B 學校上課”中，資料庫中的 B 學校的使用者資料表中有使用者 A，而 B 學校在資料庫中的學校資料表。
>
> 這一章稍後會討論不同關聯類型的模型與以 MySQL（或其他關聯式資料庫）儲存資料。

安裝 MySQL

如果你是 MySQL 新手，安裝資料庫可能聽起來很可怕（若是老手可略過這一節）。事實上，它跟安裝其他軟體一樣簡單。MySQL 的核心是一組資料檔案，儲存在伺服器或本地機器上，儲存所有資訊。上面的 MySQL 軟體層透過命令列提供與資料互動的功能。舉例來說，下面的命令從資料檔案中回傳名字為“Ryan”的所有使用者：

```
SELECT * FROM users WHERE firstname = "Ryan"
```

1 Joab Jackson, “YouTube Scales MySQL with Go Code” (*http://bit.ly/1LWVmc8*), PCWorld, December 15, 2012.

2 Jeremy Cole and Davi Arnaut, “MySQL at Twitter” (*http://bit.ly/1KHDKns*), The Twitter Engineering Blog, April 9, 2012.

3 “MySQL and Database Engineering: Mark Callaghan” (*http://on.fb.me/1RFMqvw*), Facebook Engineering, March 4, 2012.

若使用 Debian 版本的 Linux（或 apt-get），安裝 MySQL 很簡單：

```
$ sudo apt-get install mysql-server
```

只需注意安裝程序、同意記憶體需求、輸入 root 使用者的密碼就可以。

macOS 與 Windows 就比較麻煩。下載套件前你必須建立一個 Oracle 賬戶。

在 macOS 上必須先取得安裝套件（*http://dev.mysql.com/downloads/mysql/*）。

選擇 *.dmg* 套件，登入或建立 Oracle 賬戶以下載檔案。開啟後順著安裝精靈的提示進行（圖 6-1）。

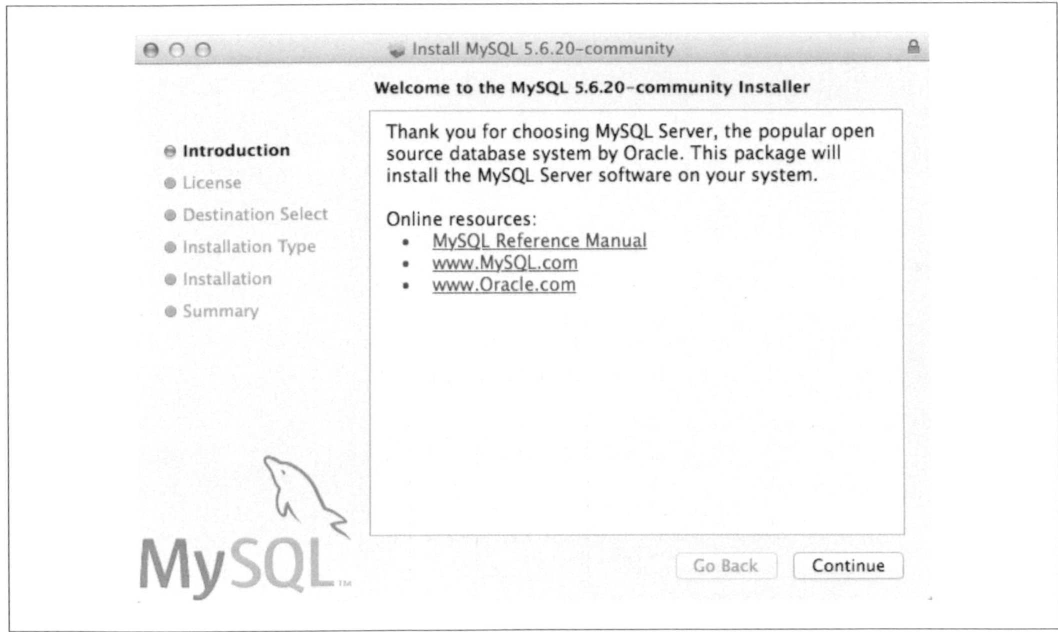

圖 6-1 macOS 上的 MySQL 安裝程序

使用預設安裝選項就可以，本書假設你使用預設安裝選項。

若嫌下載與安裝太麻煩且你使用 Mac，你可以使用 Homebrew 套件管理員（*http://brew.sh/*）。安裝 Homebrew 後以下列命令安裝 MySQL：

```
$ brew install mysql
```

Homebrew 是個與 Python 套件整合的開源專案。本書使用的大部分第三方 Python 模組可透過 Homebrew 安裝。建議你試試看！

在 macOS 上安裝 MySQL 後，你可以如下啟動 MySQL：

```
$ cd /usr/local/mysql
$ sudo ./bin/mysqld_safe
```

在 Windows 上，安裝與啟動 MySQL 更複雜，但有個安裝程序（*http://dev.mysql.com/downloads/windows/installer/*）可以簡化過程。下載後它會逐步帶領你安裝（見圖 6-2）。

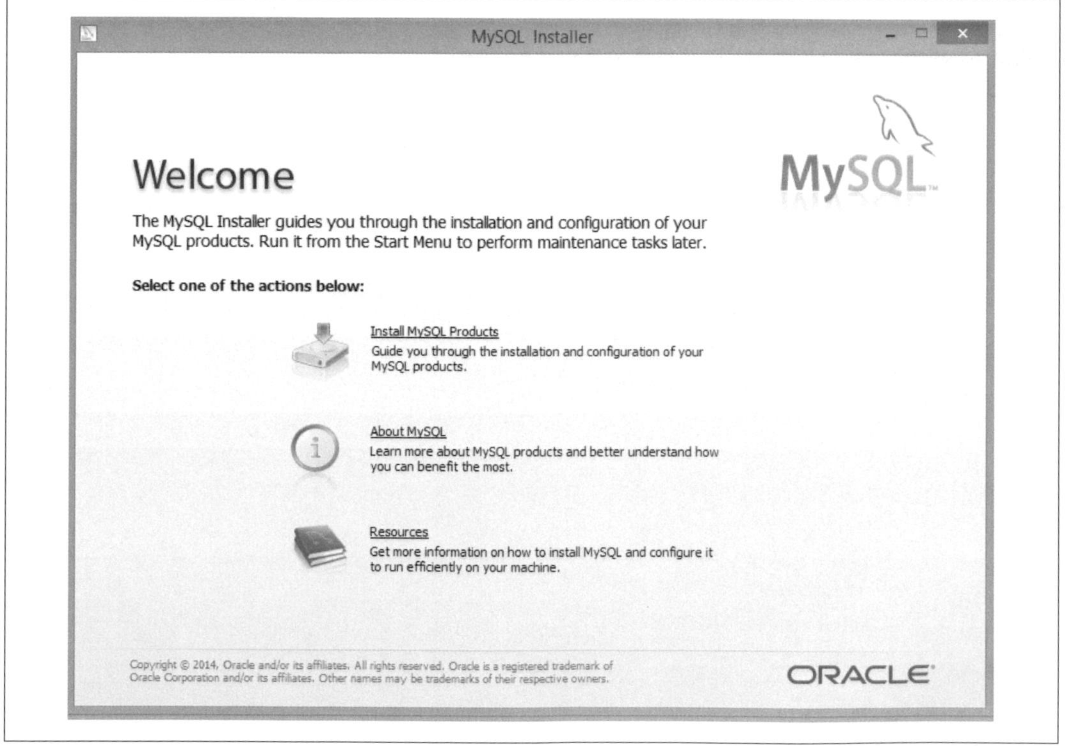

圖 6-2 Windows 的 MySQL 安裝程序

你應該能用預設選項安裝 MySQL，除了：我建議在 Setup Type 選擇 Server Only 以避免安裝 Microsoft 軟體與函式庫。然後你應該能用預設安裝選項並根據提示啟動你的 MySQL 伺服器。

一些基本命令

執行 MySQL 伺服器後，有很多與資料庫互動的方法。有很多軟體工具讓你不必使用 MySQL 命令（至少不會很常用）。phpMyAdmin 與 MySQL Workbench 等工具方便檢視、排序與新增資料。但認識命令列還是很重要。

除了變數名稱外，MySQL 區分大小寫；例如 SELECT 與 sElEcT 一樣。但慣例是寫 MySQL 陳述時關鍵字都大寫。一般來說，大部分開發者偏好小寫的資料表與資料庫名稱並忽略標準。

第一次登入 MySQL 時，裡面還沒有資料庫，你可以自己建構一個：

```
> CREATE DATABASE scraping;
```

由於每個 MySQL 實例可以有多個資料庫，與資料庫互動前必須指定要操作的資料庫：

```
> USE scraping;
```

然後（直到關閉 MySQL 連線或切換到其他資料庫前）所有輸入的命令會對 scraping 資料庫執行。

這些都很簡單。建構資料表也是如此吧？讓我們建構儲存網頁的資料表：

```
> CREATE TABLE pages;
```

結果產生錯誤：

```
ERROR 1113 (42000): A table must have at least 1 column
```

不像資料庫可以沒有資料表，MySQL 的資料表不能沒有欄。要在 MySQL 中定義欄，你必須在 CREATE TABLE <tablename> 後面輸入逗號分隔、加括號：

```
> CREATE TABLE pages (id BIGINT(7) NOT NULL AUTO_INCREMENT,
title VARCHAR(200), content VARCHAR(10000),
created TIMESTAMP DEFAULT CURRENT_TIMESTAMP, PRIMARY KEY(id));
```

每個欄定義分成三個部分：

- 名稱（id、title、created 等）
- 變數型別（BIGINT(7)、VARCHAR、TIMESTAMP）
- 選擇性的屬性（ NOT NULL AUTO_INCREMENT）

欄清單後面必須定義資料表的鍵（key）。MySQL 使用鍵進行查詢。這一章稍後會說明如何利用鍵加速資料庫。現在使用資料表的 id 欄作為鍵是比較好的方式。

執行此查詢後，你可以使用 DESCRIBE 檢視資料表的結構：

```
> DESCRIBE pages;
+---------+----------------+------+-----+-------------------+----------------+
| Field   | Type           | Null | Key | Default           | Extra          |
+---------+----------------+------+-----+-------------------+----------------+
| id      | bigint(7)      | NO   | PRI | NULL              | auto_increment |
| title   | varchar(200)   | YES  |     | NULL              |                |
| content | varchar(10000) | YES  |     | NULL              |                |
| created | timestamp      | NO   |     | CURRENT_TIMESTAMP |                |
+---------+----------------+------+-----+-------------------+----------------+
4 rows in set (0.01 sec)
```

當然，這還是空資料表。你可以使用下列命令新增測試資料到 *pages* 資料表中：

```
> INSERT INTO pages (title, content) VALUES ("Test page title",
"This is some test page content. It can be up to 10,000 characters
long.");
```

請注意，資料表雖然有四個欄（id、title、content、created），新增一列時你只需定義其中兩個（title 與 content）。這是因為 id 欄是自動遞增的（每次新增一列 MySQL 就自動加一）且會自行處理。除此之外，timestamp 欄預設為目前時間。

當然，你可以覆寫這些預設值：

```
> INSERT INTO pages (id, title, content, created) VALUES (3,
"Test page title",
"This is some test page content. It can be up to 10,000 characters
long.", "2014-09-21 10:25:32");
```

只要你為 id 欄提供的整數還不存在就可以。但這麼做通常不好；沒有特別理由最好讓 MySQL 處理 id 與 timestamp 欄。

現在資料表中有了一些資料，你可以使用各種方法選取資料。下面是 SELECT 陳述的例子：

```
> SELECT * FROM pages WHERE id = 2;
```

此陳述告訴 MySQL：“選取所有 id 等於 2 的網頁”。星號（*）是萬用字元，回傳符合（ where id equals 2）的列的所有欄。它回傳符合的列或在沒有列的 id 為 2 時回傳空結果。舉例來說，下面的不分大小寫查詢會回傳所有 `title` 欄有 "test"（% 在 MySQL 字串中代表任意字元）的列：

```
> SELECT * FROM pages WHERE title LIKE "%test%";
```

若資料表有很多列且你只需要特定部分呢？相較於全部選取，你可以這麼做：

```
> SELECT id, title FROM pages WHERE content LIKE "%page content%";
```

這只會回傳帶有 "page content" 的 `id` 與 `title`。

`DELETE` 陳述與 `SELECT` 陳述的語法相同：

```
> DELETE FROM pages WHERE id = 1;
```

因此，寫 `DELETE` 陳述時先用 `SELECT` 檢查（此例中是 `SELECT * FROM pages WHERE id = 1`）然後再換成 `DELETE` 是個好主意。許多程式設計師曾經不小心對 `DELETE` 下錯條件甚至是忘了加條件而殺掉所有客戶資料。不要犯這個錯！

同樣要注意 `UPDATE` 陳述：

```
> UPDATE pages SET title="A new title",
content="Some new content" WHERE id=2;
```

本書只會使用簡單的 MySQL 陳述執行基本的新增、修改、查詢。若要深入學習，我建議 Paul DuBois 的《*MySQL Cookbook*》（歐萊禮）。

與 Python 整合

不幸的是，Python 沒有內建 MySQL 支援。但有許多 Python 2.x 與 Python 3.x 的開源函式庫可與 MySQL 資料庫互動。其中最常見的是 PyMySQL（*https://pypi.python.org/pypi/PyMySQL*）。

目前 PyMySQL 的版本是 0.6.7，可使用 pip 安裝：

```
$ pip install PyMySQL
```

如果想要特定版本，你也可以從原始來源下載與安裝：

```
$ curl -L https://pypi.python.org/packages/source/P/PyMySQL/PyMySQL-0.6.7.tar.gz\
| tar xz
$ cd PyMySQL-PyMySQL-f953785/
$ python setup.py install
```

安裝後，你可以自動的存取 PyMySQL 套件。在 MySQL 執行的同時，你應該能夠執行下列腳本（記得加上你的資料庫的 root 密碼）：

```
import pymysql
conn = pymysql.connect(host='127.0.0.1', unix_socket='/tmp/mysql.sock',
                       user='root', passwd=None, db='mysql')
cur = conn.cursor()
cur.execute('USE scraping')
cur.execute('SELECT * FROM pages WHERE id=1')
print(cur.fetchone())
cur.close()
conn.close()
```

此範例使用兩個新物件型別：連線物件（conn）與游標物件（cur）。

連線 / 游標模型在資料庫程式設計中很常見，但有些人分不清楚這兩個物件。連線負責資料庫連線，還會發送資料庫資訊、處理 rollback（出問題時讓資料庫回到原來的狀態）與建構新的游標物件。

一個連線可以有多個游標。游標記錄特定**狀態**資訊，例如目前使用的資料庫。若要同時寫多個資料庫，你可能需要多個游標。游標還帶有最近一次查詢的執行結果。呼叫游標的 `cur.fetchone()` 等函式可存取此資訊。

使用完畢後關閉游標與連線很重要。不這麼做會導致一堆不再使用的**連線洩漏**，而軟體不知道連線是否還會繼續使用。這種東西會搞垮資料庫（我改過很多連線洩漏錯誤），因此要記得關閉連線！

你最常做的事情是儲存擷取結果到資料庫。讓我們以維基擷取程序作為例子看看如何進行。

擷取網站時處理 Unicode 文字是很麻煩的事情。MySQL 預設不處理 Unicode。幸好你可以開啟這個功能（要記得這麼做會增加資料庫的大小）。由於維基上有各種字元，現在可以告訴資料庫要處理 Unicode：

```
ALTER DATABASE scraping CHARACTER SET = utf8mb4 COLLATE = utf8mb4_unicode_ci;
ALTER TABLE pages CONVERT TO CHARACTER SET utf8mb4 COLLATE utf8mb4_unicode_ci;
ALTER TABLE pages CHANGE title title VARCHAR(200) CHARACTER SET utf8mb4 COLLATE
utf8mb4_unicode_ci;
ALTER TABLE pages CHANGE content content VARCHAR(10000) CHARACTER SET utf8mb4 CO
LLATE utf8mb4_unicode_ci;
```

這四行改變資料庫、資料表、兩欄的預設字元集——從 utf8mb4（技術上還是 Unicode，但對大部分 Unicode 的支援很糟糕）變成 utf8mb4_unicode_ci。

若新增幾個中文到 title 或 content 欄而沒有錯誤就是成功了。

資料庫準備好接受各種字元後，你可以執行：

```
from urllib.request import urlopen
from bs4 import BeautifulSoup
import datetime
import random
import pymysql
import re

conn = pymysql.connect(host='127.0.0.1', unix_socket='/tmp/mysql.sock',
                       user='root', passwd=None, db='mysql', charset='utf8')
cur = conn.cursor()
cur.execute("USE scraping")

random.seed(datetime.datetime.now())

def store(title, content):
    cur.execute('INSERT INTO pages (title, content) VALUES '
        '("%s", "%s")', (title, content))
    cur.connection.commit()

def getLinks(articleUrl):
    html = urlopen('http://en.wikipedia.org'+articleUrl)
    bs = BeautifulSoup(html, 'html.parser')
    title = bs.find('h1').get_text()
    content = bs.find('div', {'id':'mw-content-text'}).find('p')
        .get_text()
    store(title, content)
    return bs.find('div', {'id':'bodyContent'}).findAll('a',
        href=re.compile('^(/wiki/)((?!:).)*$'))

links = getLinks('/wiki/Kevin_Bacon')
try:
    while len(links) > 0:
         newArticle = links[random.randint(0, len(links)-1)].attrs['href']
         print(newArticle)
         links = getLinks(newArticle)
finally:
    cur.close()
    conn.close()
```

請注意幾件事：首先，資料庫連接字串加上“charset='utf8'”。這告訴連線使用 UTF-8 傳送資訊（資料庫也要設定）。

其次，注意 store 函式。它接受 title 與 content 兩個字串變數並加入到游標執行的 INSERT 陳述然後由游標的連線提交。這是分離游標與連線的例子；雖然游標儲存了資料庫的資訊，但它需要透過連線發送資訊回資料庫與新增資訊。

最後，程式的主迴圈最後有個 finally 陳述。它確保程式被中斷或拋出例外時（因為網路亂七八糟，你應該假設會拋出例外），游標與連線都會在程式結束前關閉。擷取網站並開啟資料庫連線時如此引用 try...finally 陳述是個好主意。

雖然 PyMySQL 不是個大套件，但還有很多功能本書無法涵蓋。你可以參考 PyMySQL 網站上的文件（*https://pymysql.readthedocs.io/en/latest/*）。

資料庫技術與實務

有些人花很多時間研究、調校、發明資料庫。我不是這種人，這也不是那種書。但如同其他電腦技術，有很多資料庫技術能讓大部分的應用程式更快更好。

首先，一定要對資料表加上 id 欄。MySQL 的資料表至少要有一個主鍵（MySQL 排序的鍵欄）使 MySQL 知道如何排序。

軟體圈子中有關於使用人工製造的 id 欄或 username 等獨特屬性作為鍵的爭議，但我傾向建構 id 欄。這在處理網站擷取或儲存外來資料時更合適。你不知道資料是否真的獨特，我就被騙過。

你的 id 欄應該自動遞增並作為所有資料表的主鍵。

其次，使用索引。（真的）字典根據字母排序以方便你檢索。你也可以想象字典依照定義排序，但會很難用。資料庫也是如此。舉例來說，資料庫有個欄而你經常以此欄查詢：

```
>SELECT * FROM dictionary WHERE definition="A small furry animal that says meow";
+------+-------+-----------------------------------+
| id   | word  | definition                        |
+------+-------+-----------------------------------+
|  200 | cat   | A small furry animal that says meow |
+------+-------+-----------------------------------+
1 row in set (0.00 sec)
```

你可能會想要依此對資料表加上 definition 欄的索引（已經對 id 欄作了索引）以加速這個欄的查詢。但要記得索引需要空間且新增資料時需要處理時間。特別是處理大量資料時應該要考慮加索引的取捨。要讓 definitions 的索引小一點，你可以告訴 MySQL 只對欄的前幾個字元做索引。下面的命令對 definitions 欄的前 16 個字元做索引：

```
CREATE INDEX definition ON dictionary (id, definition(16));
```

此索引能讓完整定義的查詢更快（特別是在前 16 個字元都不同時）且不會增加太多空間與處理時間。

對查詢時間與資料庫大小（資料庫工程中的基本平衡）最常見的錯誤是儲存大量重複資料。舉例來說，你想要評估特定句子在網路上的出現頻率，你可能會如此儲存資料：

```
+--------+--------------+------+-----+---------+----------------+
| Field  | Type         | Null | Key | Default | Extra          |
+--------+--------------+------+-----+---------+----------------+
| id     | int(11)      | NO   | PRI | NULL    | auto_increment |
| url    | varchar(200) | YES  |     | NULL    |                |
| phrase | varchar(200) | YES  |     | NULL    |                |
+--------+--------------+------+-----+---------+----------------+
```

每次發現一個句子就在資料庫儲存發現它的 URL。但如下將資料拆開到三個資料表就能大幅縮小資料：

```
>DESCRIBE phrases
+--------+--------------+------+-----+---------+----------------+
| Field  | Type         | Null | Key | Default | Extra          |
+--------+--------------+------+-----+---------+----------------+
| id     | int(11)      | NO   | PRI | NULL    | auto_increment |
| phrase | varchar(200) | YES  |     | NULL    |                |
+--------+--------------+------+-----+---------+----------------+

 >DESCRIBE urls
 +-------+--------------+------+-----+---------+----------------+
| Field | Type         | Null | Key | Default | Extra          |
+-------+--------------+------+-----+---------+----------------+
| id    | int(11)      | NO   | PRI | NULL    | auto_increment |
| url   | varchar(200) | YES  |     | NULL    |                |
+-------+--------------+------+-----+---------+----------------+

>DESCRIBE foundInstances
+-------------+---------+------+-----+---------+----------------+
| Field       | Type    | Null | Key | Default | Extra          |
+-------------+---------+------+-----+---------+----------------+
| id          | int(11) | NO   | PRI | NULL    | auto_increment |
```

```
| urlId       | int(11) | YES |     | NULL    |                |
| phraseId    | int(11) | YES |     | NULL    |                |
| occurrences | int(11) | YES |     | NULL    |                |
+-------------+---------+-----+-----+---------+----------------+
```

雖然資料表的定義比較大，但大多數欄只是整數的 id 欄。它佔用的空間較小。除此之外，完整的 URL 與句子只會儲存一次。

除非安裝第三方套件或留下記錄，不然不會知道某個資料是何時新增、修改、或刪除。視可用空間、修改頻率與重要性，你可能想要記錄幾個時間：created、updated 與 deleted。

MySQL 中的六度分離

第 3 章討論過六度分離，目標是透過一系列連結找出兩個維基文章的聯繫（例如點擊一個文章上的連結到另一個文章）。要解這一題，不只要建構機器人爬網站（你已經寫好了），還要儲存資訊供後續分析。

自動遞增 id 欄、時間戳記與多個資料表：這些都有作用。要找出儲存資訊的最好方式，你必須抽象的思考。連結只是連接網頁 A 到網頁 B 的東西。網頁 B 也可以連結到網頁 A，但這是另一個連結。你可以獨特的識別一個連結："網頁 A 上有個到網頁 B 的連結，也就是 INSERT INTO links (fromPageId, toPageId) VALUES (A, B)；（A 與 B 是兩個 ID 不同的網頁）"。

以兩個資料表分別儲存網頁與連結並記錄建構時間與獨特的 ID：

```
CREATE TABLE `wikipedia`.`pages` (
  `id` INT NOT NULL AUTO_INCREMENT,
  `url` VARCHAR(255) NOT NULL,
  `created` TIMESTAMP NOT NULL DEFAULT CURRENT_TIMESTAMP,
  PRIMARY KEY (`id`));

CREATE TABLE `wikipedia`.`links` (
  `id` INT NOT NULL AUTO_INCREMENT,
  `fromPageId` INT NULL,
  `toPageId` INT NULL,
  `created` TIMESTAMP NOT NULL DEFAULT CURRENT_TIMESTAMP,
  PRIMARY KEY (`id`));
```

請注意與前面輸出網頁標題的爬行程序不同，它沒有在 pages 資料表中儲存網頁標題。為什麼？記錄網頁標題需要讀取網頁。如果你想構建一個高效的網頁抓取工具來填入這些資料表，即使你尚未造訪該網頁，也希望能夠存儲該網頁以及指向該網頁的連結。

雖然不是每個網站都這樣，但維基的連結與網頁標題可互相推算。舉例來說，*http://en.wikipedia.org/wiki/Monty_Python* 表示該網頁的標題是“Monty Python”。

下面的程式會儲存“Bacon number”（與 Kevin Bacon 文章間相隔的連結數）小於 6 的所有維基網頁：

```
from urllib.request import urlopen
from bs4 import BeautifulSoup
import re
import pymysql
from random import shuffle

conn = pymysql.connect(host='127.0.0.1', unix_socket='/tmp/mysql.sock',
                       user='root', passwd=None, db='mysql', charset='utf8')
cur = conn.cursor()
cur.execute('USE wikipedia')

def insertPageIfNotExists(url):
    cur.execute('SELECT * FROM pages WHERE url = %s', (url))
    if cur.rowcount == 0:
        cur.execute('INSERT INTO pages (url) VALUES (%s)', (url))
        conn.commit()
        return cur.lastrowid
    else:
        return cur.fetchone()[0]

def loadPages():
    cur.execute('SELECT * FROM pages')
    pages = [row[1] for row in cur.fetchall()]
    return pages

def insertLink(fromPageId, toPageId):
    cur.execute('SELECT * FROM links WHERE fromPageId = %s '
        'AND toPageId = %s', (int(fromPageId), int(toPageId)))
    if cur.rowcount == 0:
        cur.execute('INSERT INTO links (fromPageId, toPageId) VALUES (%s, %s)',
                    (int(fromPageId), int(toPageId)))
        conn.commit()


def getLinks(pageUrl, recursionLevel, pages):
    if recursionLevel > 4:
        return

    pageId = insertPageIfNotExists(pageUrl)
    html = urlopen('http://en.wikipedia.org{}'.format(pageUrl))
```

```
    bs = BeautifulSoup(html, 'html.parser')
    links = bs.findAll('a', href=re.compile('^(/wiki/)((?!:).)*$'))
    links = [link.attrs['href'] for link in links]

    for link in links:
        insertLink(pageId, insertPageIfNotExists(link))
        if link not in pages:
            # 我們遇到新的網頁，加入
            # 並找尋上面的連結
            pages.append(link)
            getLinks(link, recursionLevel+1, pages)

getLinks('/wiki/Kevin_Bacon', 0, loadPages())
cur.close()
conn.close()
```

有三個函式使用 PyMySQL 與資料庫介接：

`insertPageIfNotExists`
: 如名稱所示，此函式新增還不存在的網頁記錄。它對儲存在 `pages` 中的網頁執行，確保網頁記錄不會重複。它還負責查詢 `pageId` 以建構新連結。

`insertLink`
: 在資料庫中建立新的連結記錄。若連結已經存在則不會建立。若網頁上有兩個或以上相同的連結也只會記錄為一筆。這樣可在程式多次執行或遇到相同網頁時維持資料庫的正確性。

`loadPages`
: 從資料庫將網頁載入到清單中以判斷是否要造訪新網頁。執行期間也會搜集網頁，所以理論上第一次從空的資料庫開始執行時不需要 `loadPage`。但在實務上可能會有問題。網路會斷線或你想要分開多次搜集，而爬行程序能夠重新載入很重要。

你應該了解使用 `loadPages` 時可能存在的一些問題，以及它為了確定是否造訪網頁而生成的網頁清單：一旦載入每個網頁，該網頁上的所有鏈接就會以網頁形式存儲，即使它們還沒有造訪——只是它們的連結已經被看到。如果爬行程序停止並重新啟動，則所有這些“看到但未造訪”的網頁將不會被造訪，並且從它們傳來的連結將不會被記錄。這可以通過為每個網頁記錄加上一個布林變數來解決，並且只有當該網頁已經載入並記錄了其自己的外部連結時才將其設為 `True`。

但這個方案目前可行。若能確定執行一段時間（或只執行一次）且無需保證連結的完整（只是做實驗），則 `visited` 不是必要的。

從 Kevin Bacon（*https://en.wikipedia.org/wiki/Kevin_Bacon*） 到 Eric Idle（*https://en.wikipedia.org/wiki/Eric_Idle*）的連續性與最終方案見後面有向圖的討論。

電子郵件

如同網頁以 HTTP 傳送，電子郵件以 SMTP 傳送（Simple Mail Transfer Protocol）。如同使用網頁伺服器透過 HTTP 傳送網頁，伺服器使用 Sendmail、Postfix、Mailman 等收發電子郵件。

雖然以 Python 發送電子郵件很簡單，但它需要存取執行 SMTP 的伺服器。在你的伺服器或電腦上設置 SMTP 用戶端有點麻煩且不在本書範圍內，但有很多資源可以參考，特別是 Linux 或 MacOS。

下面的程式假設你在本機有執行一個 SMTP 用戶端（要改成遠端 SMTP 用戶端，將 `localhost` 改成遠端伺服器的位址）。

以 Python 發送電子郵件只需要九行程式：

```
import smtplib
from email.mime.text import MIMEText

msg = MIMEText('The body of the email is here')

msg['Subject'] = 'An Email Alert'
msg['From'] = 'ryan@pythonscraping.com'
msg['To'] = 'webmaster@pythonscraping.com'

s = smtplib.SMTP('localhost')
s.send_message(msg)
s.quit()
```

Python 有兩個發送電子郵件的套件：*smtplib* 與 *email*。

Python 的 email 模組有函式可建構電子郵件封包並發送。`MIMEText` 物件建構以低階 MIME（Multipurpose Internet Mail Extensions）協定格式經由高階 SMTP 連線傳送的空郵件。`msg` 這個 `MIMEText` 物件帶有 Python 用於建構郵件的收件人 / 寄件人地址、內容、標頭。

smtplib 套件帶有處理伺服器連線的資訊。如同連線到 MySQL 伺服器，此連線用完必須關閉以避免產生太多連線。

基本電子郵件函式可擴充並用於函式中：

```
import smtplib
from email.mime.text import MIMEText
from bs4 import BeautifulSoup
from urllib.request import urlopen
import time

def sendMail(subject, body):
    msg = MIMEText(body)
    msg['Subject'] = subject
    msg['From'] ='christmas_alerts@pythonscraping.com'
    msg['To'] = 'ryan@pythonscraping.com'

    s = smtplib.SMTP('localhost')
    s.send_message(msg)
    s.quit()

bs = BeautifulSoup(urlopen('https://isitchristmas.com/'), 'html.parser')
while(bs.find('a', {'id':'answer'}).attrs['title'] == 'NO'):
    print('It is not Christmas yet.')
    time.sleep(3600)
    bs = BeautifulSoup(urlopen('https://isitchristmas.com/'), 'html.parser')

sendMail('It\'s Christmas!',
         'According to http://itischristmas.com, it is Christmas!')
```

這個腳本每小時檢查一次 *https://isitchristmas.com*（主要功能是回傳 YES 或 NO）。若不是 NO 則發生一封電子郵件警告你聖誕節到了。

雖然這個程式沒什麼實際用途，但可以稍微修改做別的事情。它可以警告伺服器當機、測試失敗、或產品庫存——這些都是行事曆辦不到的事情。

第二部

儲存資料

我們討論了網站擷取的基礎；接下來更有趣。目前你的網站擷取程序相當笨。除非格式很好，否則它們無法讀取資訊。它們取得資料而沒有任何分析。它們無法處理表單、互動、JavaScript。總而言之，除非資料本來就想要被讀取不然就沒有辦法讀取資料。

這一部幫助你分析原始資料——隱藏在 JavaScript、登入表單與反制爬行的機制中的故事。你會學到如何以爬行程序測試你的網站、自動化處理、大規模存取網際網路。最後你會得到搜集與處理網際網路各個部分各種形式各種資料的工具。

第七章

讀取文件

人們很容易以為網際網路主要是由文字構成，加上擷取時可以忽略的多媒體內容。但網際網路可以傳輸各種檔案。

雖然網際網路從 1960 年代就形成了，但 HTML 直到 1992 年才出現。之前網際網路主要是電子郵件與檔案傳輸；網頁的概念還不存在。換句話說，網際網路不只是 HTML 檔案。它是各種文件的集合，經常以 HTML 作為顯示的框架。不能讀取文字、PDF、圖像、影片、電子郵件就漏掉很大一部分資料。

這一章討論文件的處理，無論是下載閱讀或擷取資料。你還會看到各種文字編碼的處理以讀取各種語言的 HTML 網頁。

文件編碼

文件的編碼告訴應用程式──作業系統後 Python 程式──如何讀取。編碼通常可以從副檔名看出，但不是絕對的。舉例來說，我可以將 *myImage.jpg* 存成 *myImage.txt*。幸好這種情況很罕見，文件的副檔名通常足以提供必要訊息。

基本上，文件都是以 0 與 1 編碼。編碼演算法定義“每個字元多少個位元”或“每個像素多少個位元”（圖檔）。然後還有壓縮方法或 PNG 檔案等的減少大小演算法。

雖然處理非 HTML 檔案看起來很可怕，但使用正確的函式庫可讓 Python 處理各種格式的資訊。文字檔案、影片檔案、圖檔間唯一的差別是如何解譯其中的 0 與 1。這一章討論幾種常見的檔案類型：文字、CSV、PDF 與 Word 文件。

請注意，這些檔案基本上是儲存文字的檔案。處理圖像的資訊我建議讀完這一章後再參考第 13 章。

文字

純文字檔案在網路上較少見，但有些老網站上面還有很多文字檔案。舉例來說，Internet Engineering Task Force（IETF）發佈的文件有 HTML、PDF 與文字格式（例如 *https://www.ietf.org/rfc/rfc1149.txt*）。大部分瀏覽器可以顯示這些檔案，你也應該能夠擷取它們。

如 *http://www.pythonscraping.com/pages/warandpeace/chapter1.txt* 等基本文字文件可以使用下列方法：

```
from urllib.request import urlopen
textPage = urlopen('http://www.pythonscraping.com/'\
    'pages/warandpeace/chapter1.txt')
print(textPage.read())
```

通常你會使用 `urlopen` 擷取網頁，將它轉換成 `BeautifulSoup` 物件以解析 HTML。在這種情況下，你可以直接讀取網頁。雖然可以轉換成 BeautifulSoup 物件，但沒有必要——沒有 HTML 要解析，因此這個函式庫沒有用。文字檔案被讀入字串後，如同其他 Python 字串一樣。缺點是你不能以 HTML 的標籤區分你需要與不需要的文字。這在嘗試從文字檔案擷取特定資訊時是個挑戰。

文字編碼與全球網路

還記得前面說過靠副檔名就可以正確讀檔案嗎？但這個規則不適用於最基本的 *.txt* 檔案。

使用前面的方法讀文字檔案十次有九次正確，但處理網際網路上的文字有點麻煩。接下來會討論基本的英文與外文編碼，從 ASCII 到 Unicode 到 ISO 與處理方式。

文字編碼歷史

ASCII 於 1960 年代開發，當時每個位元都很貴且沒有必要處理英文字母與幾個符號以外的東西。因此只用 7 個位元編了 128 個大小寫字母與標點符號，其中還包括 33 個不能列印的字元，有些已經被淘汰了。這樣很夠了，是吧？

程式設計師都知道 7 是很奇怪的數字。它不是 2 的倍數，但很接近。1960 年代的電腦科學還在為方便整除與減少檔案儲存空間掙扎。最後 7 位元贏了。但現代電腦運算中的 7 位元在前面要補 0 [1]，既增加 14% 檔案空間又只有 128 個字元。

人們在 1990 年代早期意識到存在的語言不僅只有英語而已，如果電腦能顯示它們會更好。Unicode Sonsortium 這個組織嘗試建立各種文字的統一編碼，目標是包含英文、斯拉夫文、中文、數學邏輯符號、表情符號及其他符號。

由此產生的編碼器就是 UTF-8，代表“*Universal Character Set —— Transformation Format 8 bi*t”。此處的 8 位元不是每個字元的大小，而是表示一個字元的最小長度。

UTF-8 字元的實際大小有彈性，從 1 到 4 個位元組，視出現機率而定（最常見的字元以較少的位元組編碼，罕見字元需要較多位元組）。

這是怎麼做到的？使用 7 個位元與補一個無用的 0 乍看之下是 ASCII 的設計缺陷，但剛好能給 UTF-8 利用。因為 ASCII 很常見，Unicode 決定以前面的 0 表示該字元只有一個位元組，使 ASCII 與 UTF-8 的編碼設計相同。因此下列字元在 UTF-8 與 ASCII 是相同的：

```
01000001 - A
01000010 - B
01000011 - C
```

下面的字元只有在 UTF-8 有效，若被當做 ASCII 處理則會解譯成不能列印的字元：

```
11000011 10000000 - À
11000011 10011111 - ß
11000011 10100111 - ç
```

除了 UTF-8 外還有其他 UTF 標準，例如 UTF-16、UTF-24、UTF-32，但很罕見且超過本書討論範圍。

雖然 ASCII 的“設計缺陷”被 UTF-8 利用，但還不只這樣。每個字元的前 8 個位元還是只能編 128 個字元而不是 256 個。對需要多個位元組的 UTF-8 字元，前面的位元不是用於字元編碼而是用於防止損毀。4 個位元組的字元的 32（8 X 4）個位元只有 21 個用於字元編碼，可以有 2097152 個字元，目前只編了 1114112 個字元。

1　“補零”與 ISO 標準此後不停的困擾我們。

統一編碼標準的問題是只用到單一外語的文件會比原來更大。若你使用的語言只需要 100 個字元，每個字元還需要 16 個位元而非 ASCII 的 8 個位元。這讓 UTF-8 的外語文字文件比英語文字文件大一倍，至少對不用 Latin 字元的外語是如此。

ISO 為每個語言建構特定編碼來解決這個問題。如同 Unicode，它與 ASCII 的編碼相同，但使用每個字元前面的補零位元建構 128 個特殊字元給需要它們的所有語言。這對大量依賴 Latin 字母（編碼位置還是 0-127）的歐洲語言很管用，但需要額外的特殊字元。這讓 ISO-8859-1（供 Latin 字母使用）可以放入分母（例如 ½）或版權（©）等符號。

有時也可以在網絡上發現 ISO-8859-9（土耳其文）、ISO-8859-2（德文）、ISO-8859-15（法文）等其他 ISO 字元集。

雖然最近 ISO 編碼的文件數量正在下降，但還有 9% 網站以 ISO 編碼 [2]，因此擷取網站前還是要知道它的編碼。

編碼處理

上一節使用 urlopen 的預設值讀取網際網路上的文件。它對大部分英文網站可行，但遇到俄文、阿拉伯文、或“résumé”時會有問題。

以下面的程式為例：

```
from urllib.request import urlopen
textPage = urlopen('http://www.pythonscraping.com/'\
    'pages/warandpeace/chapter1-ru.txt')
print(textPage.read())
```

它讀取原版《戰爭與和平》（俄文與法文）並輸出到螢幕上。螢幕輸出會像是：

```
b"\xd0\xa7\xd0\x90\xd0\xa1\xd0\xa2\xd0\xac \xd0\x9f\xd0\x95\xd0\xa0\xd0\x92\xd0\
x90\xd0\xaf\n\nI\n\n\xe2\x80\x94 Eh bien, mon prince.
```

除此之外，用瀏覽器看這個網頁如圖 7-1 所示。

2 資料來源 W3Techs（*http://w3techs.com/technologies/history_overview/character_encodin*）。

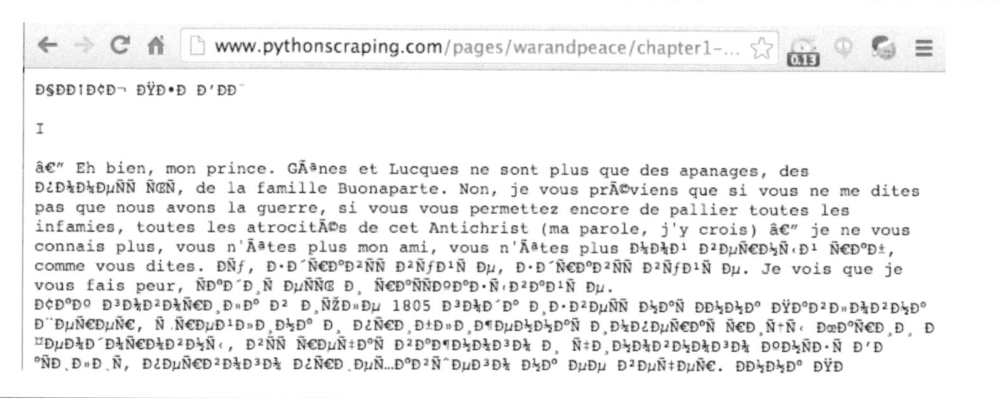

圖 7-1 以許多瀏覽器預設的 ISO-8859-1 編碼的俄文與法文

就算是俄國人也看不懂。問題出在 Python 將此文件當做 ASCII，而瀏覽器將它當做是 ISO-8859-1 編碼的文件。兩者都不知道它是 UTF-8 文件。

你可以明確的指定字串為 UTF-8 以正確的輸出字元：

```
from urllib.request import urlopen

textPage = urlopen('http://www.pythonscraping.com/'\
    'pages/warandpeace/chapter1-ru.txt')
print(str(textPage.read(), 'utf-8'))
```

在 BeautifulSoup 與 Python 3.x 中使用此概念：

```
html = urlopen('http://en.wikipedia.org/wiki/Python_(programming_language)')
bs = BeautifulSoup(html, 'html.parser')
content = bs.find('div', {'id':'mw-content-text'}).get_text()
content = bytes(content, 'UTF-8')
content = content.decode('UTF-8')
```

Python 3.x 預設將所有字元編碼成 UTF-8。你可能打算就用 UTF-8 編碼爬所有網站。背景 UTF-8 也可以處理 ASCII 字元與外文。但要記得 9% 的網站使用某種 ISO 編碼，因此無法完全避免這個問題。

不幸的是，這種情況下文字文件無法判斷使用什麼編碼。有些函式庫可以推斷文件編碼（"Ñ€Ð° ÑÑÐºÐ° Ð·Ñ" 邏輯上可能不是個詞），但經常猜錯。

幸好 HTML 網頁通常在 <head> 中有個標籤。大部分網站，特別是英文網站，會有這個標籤：

```
<meta charset="utf-8" />
```

而 ECMA 的國際網站（*http://www.ecma-international.org/*）有這個標籤：[3]

```
<META HTTP-EQUIV="Content-Type" CONTENT="text/html; charset=iso-8859-1">
```

若計劃爬許多網站，特別是國際網站，檢查這個標籤並使用它建議的編碼。

CSV

擷取網站時可能會遇到 CSV 檔案。幸好 Python 有個函式庫可讀寫 CSV 檔案（*https://docs.python.org/3.4/library/csv.html*）。雖然此函式庫可處理多種 CSV，但這一節專注於標準格式。若有特別需求請自己看文件！

讀取 CSV 檔案

Python 的 *csv* 函式庫主要操作本機檔案，假設 CSV 資料儲存在你的機器上。不幸的是有時候並非如此，特別是爬網站時。有多種解決方法：

- 手動下載檔案並讓 Python 處理本機檔案
- 以 Python 腳本下載檔案並讓 Python 處理本機檔案
- 從網站讀取檔案字串並包裝在 `StringIO` 物件中

雖然前兩個選項可行，但可儲存在記憶體時佔用硬碟空間不是個好做法。最好是從網站讀取檔案字串並包裝在 `StringIO` 物件中當做檔案處理而不儲存檔案。下面的腳本從網際網路讀取 CSV 檔案（*http://pythonscraping.com/files/MontyPythonAlbums.csv*）並輸出到螢幕上：

```
from urllib.request import urlopen
from io import StringIO
import csv

data = urlopen('http://pythonscraping.com/files/MontyPythonAlbums.csv')
          .read().decode('ascii', 'ignore')
```

3 ECMA 是 ISO 標準的參與者，因此它的網站使用 ISO 也不意外

```
dataFile = StringIO(data)
csvReader = csv.reader(dataFile)

for row in csvReader:
    print(row)
```

輸出如下：

```
['Name', 'Year']
["Monty Python's Flying Circus", '1970']
['Another Monty Python Record', '1971']
["Monty Python's Previous Record", '1972']
...
```

csv.reader 回傳的 reader 物件可迭代並組成 Python 的清單物件。因此 csvReader 物件中的每一列可如此存取：

```
for row in csvReader:
    print('The album "'+row[0]+'" was released in '+str(row[1]))
```

以下是輸出：

```
The album "Name" was released in Year
The album "Monty Python's Flying Circus" was released in 1970
The album "Another Monty Python Record" was released in 1971
The album "Monty Python's Previous Record" was released in 1972
...
```

請注意第一行：The album "Name" was released in Year。這是範例程式，你不會讓它儲存到真正的資料上。有些程式設計師會直接略過或特別處理 csvReader 物件的第一列。幸好有個 csv.reader 的替代函式可自動處理它。輸入 DictReader：

```
from urllib.request import urlopen
from io import StringIO
import csv

data = urlopen('http://pythonscraping.com/files/MontyPythonAlbums.csv')
              .read().decode('ascii', 'ignore')
dataFile = StringIO(data)
dictReader = csv.DictReader(dataFile)

print(dictReader.fieldnames)

for row in dictReader:
    print(row)
```

csv.DictReader 將 CSV 檔案的每一列以回傳字典而非清單物件回傳，而欄名稱儲存在 dictReader.fieldnames 變數並作為字典物件的鍵：

```
['Name', 'Year']
{'Name': 'Monty Python's Flying Circus', 'Year': '1970'}
{'Name': 'Another Monty Python Record', 'Year': '1971'}
{'Name': 'Monty Python's Previous Record', 'Year': '1972'}
```

缺點是較 csvReader 需要稍長時間建構、處理與輸出 DictReader 物件，但其方便性與可用性是值得的。還要記住爬網站時請求與接收網站資料是不可避免的限制因素，因此無需考慮省一點點時間的技術！

PDF

身為一個 Linux 使用者，我知道開 *.docx* 檔案有多麻煩。Adobe 在 1993 年發明了 Portable Document Format。PDF 能讓使用者在各種平台上以相同的方式檢視檔案。

雖然在網站上放 PDF 過時了（有 HTML 幹嘛還放靜態的格式？），但 PDF 還是有獨到之處，特別是處理正式文件與填表。

2009 年，英國人 Nick Innes 依英國版本的資訊自由方案向政府請求學生考試資訊。一番纏鬥後他終於收到 184 個 PDF 文件。

雖然他最終收到更好的格式的資料，但其實他可以用 Python 上多種 PDF 解析模組處理。

不幸的是，許多 Python 2.x 的 PDF 解析函式庫沒有升級到 Python 3.x。但由於 PDF 是相當簡單且開源的文件格式，有許多 Python 函式庫可以讀取它們。

PDFMiner3K 是相當容易使用的函式庫。它有彈性，能夠從命令列使用或整合到程式中。它可以處理各種語言編碼——適用於網路。

你可以使用 pip 安裝或下載 Python 模組（*https://pypi.python.org/pypi/pdfminer3k*）解壓後安裝：

```
$ python setup.py install
```

文件在解壓縮後的 */pdfminer3k-1.3.0/docs/index.html*，然而文件較多偏向命令列界面而非 Python 程式整合。

以下是讀取 PDF 到字串的基本實作：

```
from urllib.request import urlopen
from pdfminer.pdfinterp import PDFResourceManager, process_pdf
from pdfminer.converter import TextConverter
from pdfminer.layout import LAParams
from io import StringIO
from io import open

def readPDF(pdfFile):
    rsrcmgr = PDFResourceManager()
    retstr = StringIO()
    laparams = LAParams()
    device = TextConverter(rsrcmgr, retstr, laparams=laparams)

    process_pdf(rsrcmgr, device, pdfFile)
    device.close()

    content = retstr.getvalue()
    retstr.close()
    return content

pdfFile = urlopen('http://pythonscraping.com/'
    'pages/warandpeace/chapter1.pdf')
outputString = readPDF(pdfFile)
print(outputString)
pdfFile.close()
```

它產生純文字輸出：

```
CHAPTER I

"Well, Prince, so Genoa and Lucca are now just family estates of
the Buonapartes. But I warn you, if you don't tell me that this
means war, if you still try to defend the infamies and horrors
perpetrated by that Antichrist- I really believe he is Antichrist- I will
```

此 PDF 讀取程序的優點是若操作本機檔案，你可以用 Python 檔案物件替換 `urlopen` 回傳的物件並使用這一行：

```
pdfFile = open('../pages/warandpeace/chapter1.pdf', 'rb')
```

它的輸出可能不完美，特別是有圖片的 PDF、奇怪的格式、或圖表中的文字，但大部分只有文字的 PDF 的輸出與文字檔案無異。

Microsoft Word 與 .docx

我不喜歡 Microsoft Word。不是因為程式不好，而是使用者。它擅長將簡單文件變成巨大、緩慢、難以開啟、在機器間經常損失資訊的怪物，且莫名其妙的就動到內容。

Word 檔案的設計用於建構內容而非交換內容。無論如何，它們在某些網站上很常見；本來用 HTML 就好的東西也用它。

2008 年以前，Microsoft Office 的產品使用私有的 *.doc* 格式。此格式讓其他文字處理程式很難讀取。後來 Microsoft 決定採用 Open Office 基於 XML 的標準，讓檔案與其他軟體相容。

不幸的是，Python 對這種 Google Docs、Open Office、Microsoft Office 採用的檔案格式的支援不太好。有個 python-docx 函式庫（*http://python-docx.readthedocs.org/en/latest/*）但只能讀大小、檔案標題等基本資料而非實際內容。要讀取 Microsoft Office 檔案的內容，你必須自己做出解決方案。

第一步是讀取檔案的 XML：

```
from zipfile import ZipFile
from urllib.request import urlopen
from io import BytesIO

wordFile = urlopen('http://pythonscraping.com/pages/AWordDocument.docx').read()
wordFile = BytesIO(wordFile)
document = ZipFile(wordFile)
xml_content = document.read('word/document.xml')
print(xml_content.decode('utf-8'))
```

它將遠端的 Word 文件讀取成二進位檔案物件（`BytesIO` 類似 `StringIO`）、使用 Python 核心的 zipfile 函式庫（所有 *.docx* 檔案都壓縮過）解壓、然後讀取解壓後的 XML 檔案。

位於 *http://pythonscraping.com/pages/AWordDocument.docx* 的 Word 檔案如圖 7-2 所示。

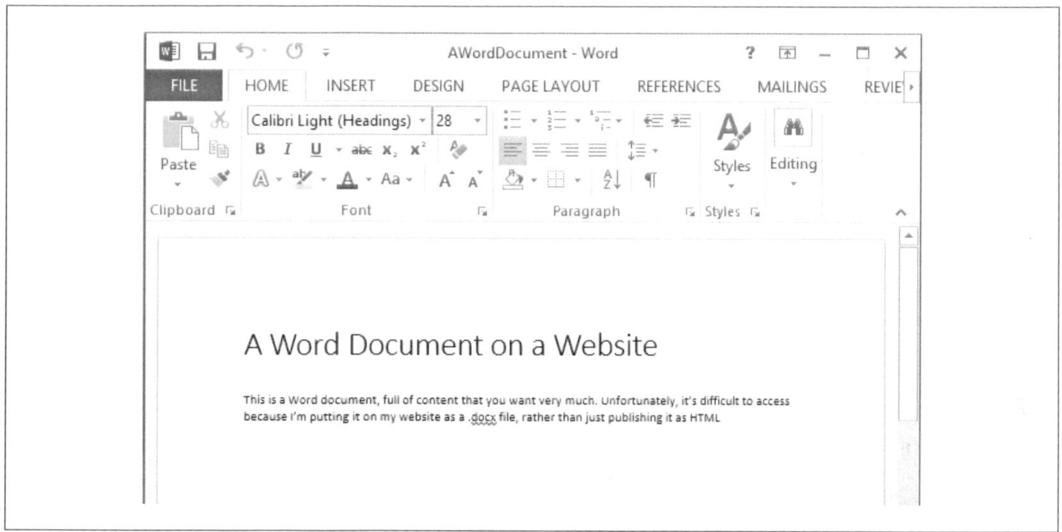

圖 7-2 這個 Word 檔案難以讀取是因為我做成 .docx 而非 HTML

此 Python 腳本讀取這個 Word 文件後的輸出如下：

```
<!--?xml version="1.0" encoding="UTF-8" standalone="yes"?-->
<w:document mc:ignorable="w14 w15 wp14" xmlns:m="http://schemas.openx
mlformats.org/officeDocument/2006/math" xmlns:mc="http://schemas.open
xmlformats.org/markup-compatibility/2006" xmlns:o="urn:schemas-micros
oft-com:office:office" xmlns:r="http://schemas.openxmlformats.org/off
iceDocument/2006/relationships" xmlns:v="urn:schemas-microsoft-com:vm
l" xmlns:w="http://schemas.openxmlformats.org/wordprocessingml/2006/m
ain" xmlns:w10="urn:schemas-microsoft-com:office:word" xmlns:w14="htt
p://schemas.microsoft.com/office/word/2010/wordml" xmlns:w15="http://
schemas.microsoft.com/office/word/2012/wordml" xmlns:wne="http://sche
mas.microsoft.com/office/word/2006/wordml" xmlns:wp="http://schemas.o
penxmlformats.org/drawingml/2006/wordprocessingDrawing" xmlns:wp14="h
ttp://schemas.microsoft.com/office/word/2010/wordprocessingDrawing" x
mlns:wpc="http://schemas.microsoft.com/office/word/2010/wordprocessin
gCanvas" xmlns:wpg="http://schemas.microsoft.com/office/word/2010/wor
dprocessingGroup" xmlns:wpi="http://schemas.microsoft.com/office/word
/2010/wordprocessingInk" xmlns:wps="http://schemas.microsoft.com/offi
ce/word/2010/wordprocessingShape"><w:body><w:p w:rsidp="00764658" w:r
sidr="00764658" w:rsidrdefault="00764658"><w:ppr><w:pstyle w:val="Tit
le"></w:pstyle></w:ppr><w:r><w:t>A Word Document on a Website</w:t></
w:r><w:bookmarkstart w:id="0" w:name="_GoBack"></w:bookmarkstart><w:b
ookmarkend w:id="0"></w:bookmarkend></w:p><w:p w:rsidp="00764658" w:r
sidr="00764658" w:rsidrdefault="00764658"></w:p><w:p w:rsidp="0076465
8" w:rsidr="00764658" w:rsidrdefault="00764658" w:rsidrpr="00764658">
```

```
<w: r> <w:t>This is a Word document, full of content that you want ve
ry much. Unfortunately, it' s difficult to access because I' m putting
it on my website as a .</w:t></w:r><w:prooferr w:type="spellStart"></
w:prooferr><w:r><w:t>docx</w:t></w:r><w:prooferr w:type="spellEnd"></
w:prooferr> <w:r> <w:t xml:space="preserve"> file, rather than just p
ublishing it as HTML</w:t> </w:r> </w:p> <w:sectpr w:rsidr="00764658"
 w:rsidrpr="00764658"> <w:pgszw:h="15840" w:w="12240"></w:pgsz><w:pgm
ar w:bottom="1440" w:footer="720" w:gutter="0" w:header="720" w:left=
"1440" w:right="1440" w:top="1440"></w:pgmar> <w:cols w:space="720"><
/w:cols&g; <w:docgrid w:linepitch="360"></w:docgrid> </w:sectpr> </w:
body> </w:document>
```

其中有很多元資料，但實際內容文字藏在裡面。幸好包括標題在內的所有文字都在 `w:t` 標籤中方便抓取：

```
from zipfile import ZipFile
from urllib.request import urlopen
from io import BytesIO
from bs4 import BeautifulSoup

wordFile = urlopen('http://pythonscraping.com/pages/AWordDocument.docx').read()
wordFile = BytesIO(wordFile)
document = ZipFile(wordFile)
xml_content = document.read('word/document.xml')

wordObj = BeautifulSoup(xml_content.decode('utf-8'), 'xml')
textStrings = wordObj.find_all('w:t')

for textElem in textStrings:
    print(textElem.text)
```

請注意，相較於 `BeautifulSoup` 通常使用的 *html.parser* 解析程序，你將它傳給 *xml* 解析程序。這是因為冒號不是標準的 HTML 標籤名稱且 html.parser 無法辨識。

輸出不完美但也夠了，且每個 `w:t` 標籤分行輸出可以方便看出 Word 如何切開文字：

```
A Word Document on a Website
This is a Word document, full of content that you want very much. Unfortunately,
it' s difficult to access because I' m putting it on my website as a .
docx
 file, rather than just publishing it as HTML
```

請注意，"docx" 自己一行。在原來的 XML 中，它被 `<w:proofErr w:type="spellStart"/>` 標籤包圍。這是 Word 以紅色底線突顯拼字錯誤的方法。

文件標題前置 `<w:pstyle w:val="Title">` 標籤。雖然不是很容易讓我們看出標題（或其他文字樣式），但使用 BeautifulSoup 的功能就很方便：

```
textStrings = wordObj.find_all('w:t')

for textElem in textStrings:
    style = textElem.parent.parent.find('w:pStyle')
    if style is not None and style['w:val'] == 'Title':
        print('Title is: {}'.format(textElem.text))
    else:
        print(textElem.text)
```

此函式可以修改成前後輸出各種樣式標籤或其他標示方式。

第八章

清理髒資料

本書目前都是格式良好的資料來源，若資料與預期不符則拋棄。但網站擷取通常不能對資料來源太挑剔。

由於標點符號、不一致的大小寫、換行、拼寫錯誤等，髒資料是網路上的大問題。這一章討論幫助你防止這一類問題的技術與工具以改變你寫程式的方法與清理資料。

程式中的清理

如同寫程式處理例外，你應該寫防衛性的程式來處理意外。

在語言學中，*n-gram* 是用於文字或語音的 *n* 個單詞的序列。在進行自然語言分析時，通過找尋常用的 n-gram 或經常一起使用的重複出現的單詞集，可以很方便地分解一段文字。

這一節討論取得正確格式的 n-gram 而非用它們做分析。第 9 章會討論 2-gram 與 3-gram 的文字歸納與分析。

下面的程式回傳維基的 Python 程式設計語言文章中的 2-gram 清單：

```
from urllib.request import urlopen
from bs4 import BeautifulSoup

def getNgrams(content, n):
  content = content.split(' ')
  output = []
  for i in range(len(content)-n+1):
    output.append(content[i:i+n])
```

```
    return output

html = urlopen('http://en.wikipedia.org/wiki/Python_(programming_language)')
bs = BeautifulSoup(html, 'html.parser')
content = bs.find('div', {'id':'mw-content-text'}).get_text()
ngrams = getNgrams(content, 2)
print(ngrams)
print('2-grams count is: '+str(len(ngrams)))
```

getNgrams 函式將輸入的字串分解成一系列的字（假設所有字都以空白分開）並將 n-gram（此例中為 2-gram）加入到陣列中。

它從文字中回傳一些有趣的 2-gram：

```
['of', 'free'], ['free', 'and'], ['and', 'open-source'], ['open-source', 'softwa
re']
```

但也會回傳許多垃圾：

```
['software\nOutline\nSPDX\n\n\n\n\n\n\n\n\nOperating', 'system\nfamilies\n\n\n\n
AROS\nBSD\nDarwin\neCos\nFreeDOS\nGNU\nHaiku\nInferno\nLinux\nMach\nMINIX\nOpenS
olaris\nPlan'], ['system\nfamilies\n\n\n\nAROS\nBSD\nDarwin\neCos\nFreeDOS\nGNU\
nHaiku\nInferno\nLinux\nMach\nMINIX\nOpenSolaris\nPlan', '9\nReactOS\nTUD:OS\n\n
\n\n\n\n\n\n\nDevelopment\n\n\n\nBasic'], ['9\nReactOS\nTUD:OS\n\n\n\n\n\n\n\n\n
Development\n\n\n\nBasic', 'For']
```

除此之外，由於 2-gram 是從每個遇到的字所建構的（除了最後一個），此文章中總共有 7411 個 2-gram，不是很好管理的資料集！

使用正規表示式刪除跳脫字元（例如 \n）並過濾 Unicode 字元，你可以清理輸出：

```
import re

def getNgrams(content, n):
    content = re.sub('\n|[[\d+\]]', ' ', content)
    content = bytes(content, 'UTF-8')
    content = content.decode('ascii', 'ignore')
    content = content.split(' ')
    content = [word for word in content if word != '']
    output = []
    for i in range(len(content)-n+1):
        output.append(content[i:i+n])
    return output
```

它將換行以空白替換、刪除 [123] 等引用、過濾所有連續空白的空字串。然後用 UTF-8 編碼消除跳脫字元。

這些步驟大幅改善函式的輸出，但還是有一些問題：

```
['years', 'ago('], ['ago(', '-'], ['-', '-'], ['-', ')'], [')', 'Stable']
```

你可以透過刪除每個字前後的符號來改善。它保留字間的橫杠，但刪除去掉空白後只有單一符號的字串。

當然，符號有它的意義，直接刪掉可能會失去一些資訊。舉例來說，句號後面有空白可能代表完整句子的結束。你可能會想要禁止 n-gram 跨句。

以下列文字為例：

```
Python features a dynamic type system and automatic memory management.
It supports multiple programming paradigms...
```

`['memory', 'management']` 是個 2-gram，但 `['management', 'It']` 不是。

加上句子的概念後“清理任務”更多了，程式變得更複雜，最好將它們放到不同的函式中：

```
from urllib.request import urlopen
from bs4 import BeautifulSoup
import re
import string

def cleanSentence(sentence):
    sentence = sentence.split(' ')
    sentence = [word.strip(string.punctuation+string.whitespace)
        for word in sentence]
    sentence = [word for word in sentence if len(word) > 1
        or (word.lower() == 'a' or word.lower() == 'i')]
    return sentence

def cleanInput(content):
    content = re.sub('\n|[[\d+\]]', ' ', content)
    content = bytes(content, "UTF-8")
    content = content.decode("ascii", "ignore")
    sentences = content.split('. ')
    return [cleanSentence(sentence) for sentence in sentences]

def getNgramsFromSentence(content, n):
    output = []
    for i in range(len(content)-n+1):
        output.append(content[i:i+n])
    return output
```

```
def getNgrams(content, n):
    content = cleanInput(content)
    ngrams = []
    for sentence in content:
        ngrams.extend(getNgramsFromSentence(sentence, n))
    return(ngrams)
```

getNgrams 還是程式的進入點。cleanInput 刪除換行與引用並根據句號後面的空白將文字分解成句子。它也呼叫 cleanSentence 將句子分解成字，去掉符號與空白並刪除 *I* 與 *a* 之外的單一字元。

建構 n-gram 的關鍵行放在 getNgramsFromSentence，由 getNgrams 對每個句子呼叫。這確保不會建構跨多個句子的 n-gram。

請注意，使用 string.punctuation 與 string.whitespace 取得 Python 所有的符號字元。你可以從 Python 的終端機檢視 string.punctuation 的輸出：

```
>>> import string
>>> print(string.punctuation)
!"#$%&'()*+,-./:;<=>?@[\]^_`{|}~
```

print(string.whitespace) 產生較無趣的輸出（畢竟都是空白），但其中包含空白、tab 與換行。

在迴圈內以 item.strip(string.punctuation+string.whitespace) 迭代內容中的所有字，去掉前後的符號字元但不碰橫杠（前後都有字母的符號）。

修改後輸出更乾淨的 2-gram：

```
[['Python', 'Paradigm'], ['Paradigm', 'Object-oriented'], ['Object-oriented',
'imperative'], ['imperative', 'functional'], ['functional', 'procedural'],
['procedural', 'reflective'],...
```

資料正規化

大家都看過設計不良的表單："輸入電話號碼。格式必須是 xxx-xxx-xxxx"。

一個好的程式設設計師會問："為什麼要輸入非數字字元？"。**資料正規化**是確保 (555) 123-4567 與 555.123.4567 等字串相同的程序。

你可以對前面的 n-gram 程式加上資料正規化功能。

這個程式的一個問題是有許多重複的 2-gram。遇到 2-gram 就加到清單中且沒有記錄頻率。記錄這些 2-gram 的頻率不僅僅是它們的存在，而且它在繪製清洗和資料正規化演算法的變化的影響時可能非常有用。如果資料成功正規化，則 n-gram 的總數將減少，而找到的 n-gram 的總數（即被標識為 n-gram 的唯一或非唯一項目的數目）將不會減少。換句話說，相同數量的 n-gram 將會有更少的"桶"。

你可以將程式修改成新增 n-gram 到 Counter 物件而非清單：

```
from collections import Counter

def getNgrams(content, n):
    content = cleanInput(content)
    ngrams = Counter()
    for sentence in content:
        newNgrams = [' '.join(ngram) for ngram in
            getNgramsFromSentence(sentence, 2)]
        ngrams.update(newNgrams)
    return(ngrams)
```

這有許多做法，像是將 n-gram 加入到字典物件使值指向出現次數的計數。缺點是它需要更多的管理與排序。但使用 Counter 物件也有缺點：不能儲存清單（清單是 unhashable），因此必須先對每個 n-gram 使用 `' '.join(ngram)` 轉換成字串。

以下是結果：

```
Counter({'Python Software': 37, 'Software Foundation': 37, 'of the': 34,
'of Python': 28, 'in Python': 24, 'in the': 23, 'van Rossum': 20, 'to the':
20, 'such as': 19, 'Retrieved February': 19, 'is a': 16, 'from the': 16,
'Python Enhancement': 15,...
```

撰寫本書時它有 7275 個 2-gram 與 5628 個獨特的 2-gram，出現最多的兩個是"Software Foundation"、"Python Software"。但分析顯示"Python Software"以"Python software"形式出現兩次。同樣的還有"van Rossum"與"Van Rossum"。

加上這一行：

```
content = content.upper()
```

到 cleanInput 函式讓全部的 2-gram 還是 7275，但獨特的 2-gram 數量變成 5479。

此時最好停下來思考要花多少運算能力在資料正規化上。有幾個不同拼寫的字是相等的，但要解決就必須檢查每個字。

舉例來說，“Python 1st” 與 “Python first” 都是 2-gram，但檢查 “first、second、third” 與 “1st、2nd、3rd” 等會導致每個字多檢查十幾次。

同樣的，不一致的破折號（“co-ordinated” 與 “coordinated”）、拼寫錯誤與其他自然語言同義字會影響 n-gram 的輸出結果。

以破折號為例，一種解決方案是完全刪除破折號，這只需要一個操作。但如此也會讓有破折號的詞（all-too-common）會被視為單一字。將破折號當做空白可能是比較好的選項，只是要考慮到 “co ordinated” 與 “ordinated attack”。

事後清理

程式只能（或想）做這麼多。此外，你可能還要處理外來的資料集。

很多程式設計師的反應是 “寫一個腳本” 來解決。但 OpenRefine 等第三方工具也能夠清理資料並方便資料給非程式設計師運用。

OpenRefine

OpenRefine（*http://openrefine.org/*）是 Metaweb 公司於 2009 年啟動的開源計劃。Google 於 2010 併購 Metaweb，將專案名稱從 Freebase Gridworks 改為 Google Refine。Google 於 2012 停止對 Refine 的支援並再度改名為 OpenRefine，任何人都可以參加開發。

安裝

OpenRefine 的界面在瀏覽器中執行，但還是必須下載與安裝。你可以從它的網站下載 Linux、Windows 與 macOS 版本（*http://openrefine.org/download.html*）。

若 Mac 使用者不能開啟此檔案，到 System Preferences → Security & Privacy → General 下的 “Allow apps downloaded from” 選擇 Anywhere。不幸的是，從 Google 轉換到開源時，OpenRefine 被 Apple 忽視了。

要使用 OpenRefine，你必須將資料儲存成 CSV 檔案（見 “儲存成 CSV” 一節）。若資料儲存在資料庫中，你可以將它匯出成 CSV 檔案。

使用 OpenRefine

接下來的範例會使用維基的“Comparison of Text Editors”表格（*https://en.wikipedia.org/wiki/Comparison_of_text_editors*）內的資料；見圖 8-1。雖然此表格的格式還不錯，但多次修改使得它有一小部分的格式不一致。此外，由於資料主要是給人看的，有些格式（例如“Free”而非“$0.00"）不適合作為程式輸入。

75 rows　　Extensions: Freebase

Show as: **rows** records　　Show: 5 10 25 **50** rows　　« first ‹ previous **1 - 50** next › last »

All	Name	Creator	First public relea	Latest stable ve	Programming language	Cost (US$)	Software license	Open source
1.	Acme	Rob Pike	1993	Plan 9 and Inferno	C	$0	LPL (OSI approved)	Yes
2.	AkelPad	Alexey Kuznetsov, Alexander Shengalts	2003	4.9.0	C	$0	BSD	Yes
3.	Alphatk	Vince Darley	1999	8.3.3		$40	Proprietary, with BSD components	No
4.	Aquamacs	David Reitter	2005	3.0a	C, Emacs Lisp	$0	GPL	Yes
5.	Atom	Github	2014	0.132.0	HTML, CSS, JavaScript, C++	$0	MIT	Yes
6.	BBEdit	Rich Siegel	1992-04	10.5.12	Objective-C, Objective-C++	$49.99	Proprietary	No
7.	Bluefish	Bluefish Development Team	1999	2.2.6	C	$0	GPL	Yes
8.	Coda	Panic	2007	2.0.12	Objective-C	$99	Proprietary	No
9.	ConTEXT	ConTEXT Project Ltd	1999	0.98.6	Object Pascal (Delphi)	$0	BSD	Yes
10.	Crimson Editor	Ingyu Kang, Emerald Editor Team	1999	3.72	C++	$0	GPL	Yes
11.	Diakonos	Pistos	2004	0.9.2	Ruby	$0	MIT	Yes
12.	E Text Editor	Alexander Stigsen	2005	2.0.2		$46.95	Proprietary, with BSD components	No
13.	ed	Ken Thompson	1970	unchanged from original	C	$0	?	Yes
14.	EditPlus	Sangil Kim	1998	3.5	C++	$35	Shareware	No
15.	Editra	Cody Precord	2007	0.6.77	Python	$0	wxWindows license	Yes

圖 8-1 在 OpenRefine 的畫面顯示的“Comparison of Text Editors”資料

請注意，OpenRefine 的每個欄標籤上有個箭頭符號，它是過濾、排序、轉換、或刪除的工具選單。

過濾。過濾資料有兩種方法：過濾與切面。過濾適用於以正規表示式過濾資料，如圖 8-2 所示“只顯示 Programming Language 欄中有三個以上逗號的資料”。

過濾條件可透過右邊的欄新增、組合、修改，也可以與切面結合。

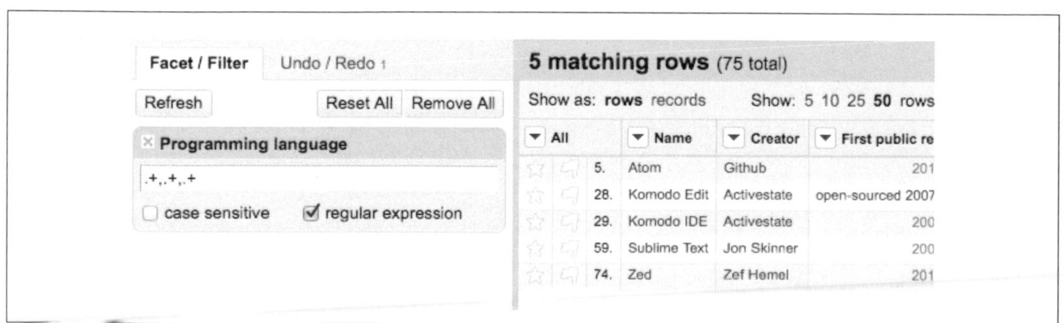

圖 8-2 “.+,.+,.+”這個正規表示式選取至少有三個逗號的項目

切面根據欄內容引入或排除資料（例如：“顯示 GPL 或 MIT 授權且第一版於 2005 年後釋出”，如圖 8-3 所示）。它們有內建的過濾工具，例如以滑動條選擇要引入的值範圍。

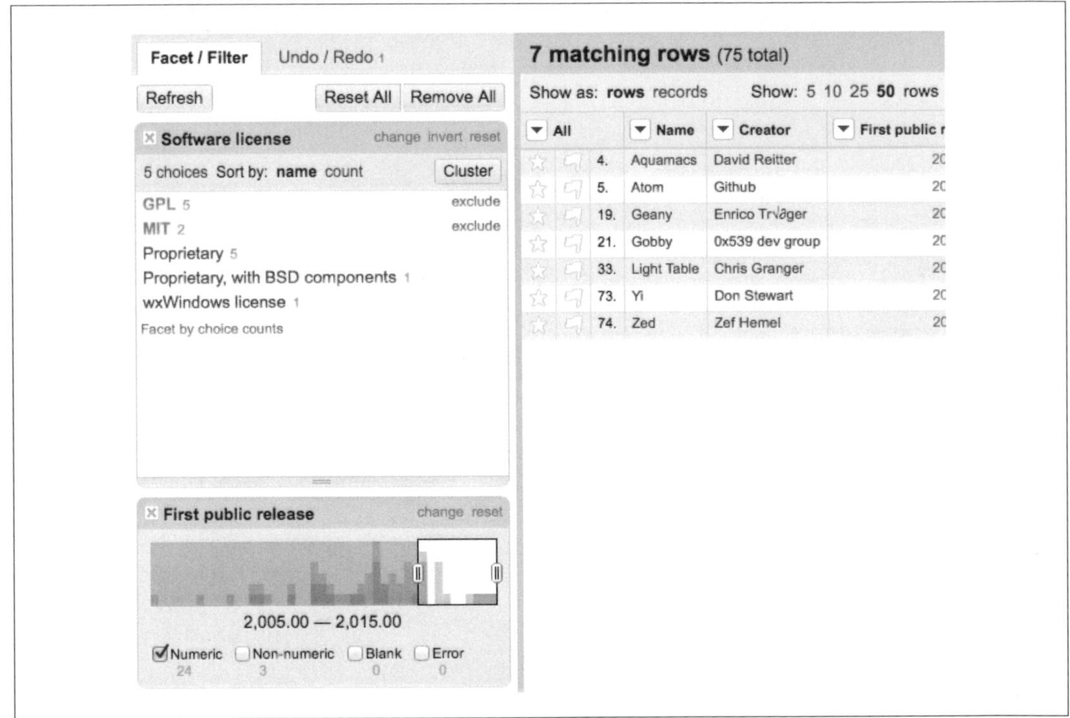

圖 8-3 顯示 GPL 或 MIT 授權且第一版於 2005 年後釋出

不論怎麼過濾，隨時都可以匯出 OpenRefine 支援的格式，包括 CSV、HTML（一個 HTML 表格）、Excel 與其他格式。

清理。只有資料相對乾淨時過濾才有效。以前面的切面為例，01-01-2006 釋出的文字編輯器不會被 2006 這個切面選取。

OpenRefine 的資料轉換使用稱為 GREL（*G* 來自 OpenRefine 之前的名稱 Google Refine）的 OpenRefine Expression Language。以此語言建構轉換值的 lambda 函式，例如：

```
if(value.length() != 4, "invalid", value)
```

將此函式應用在“First stable release”欄會保留 YYYY 格式日期並將其他值標示為 `invalid`（圖 8-4）。

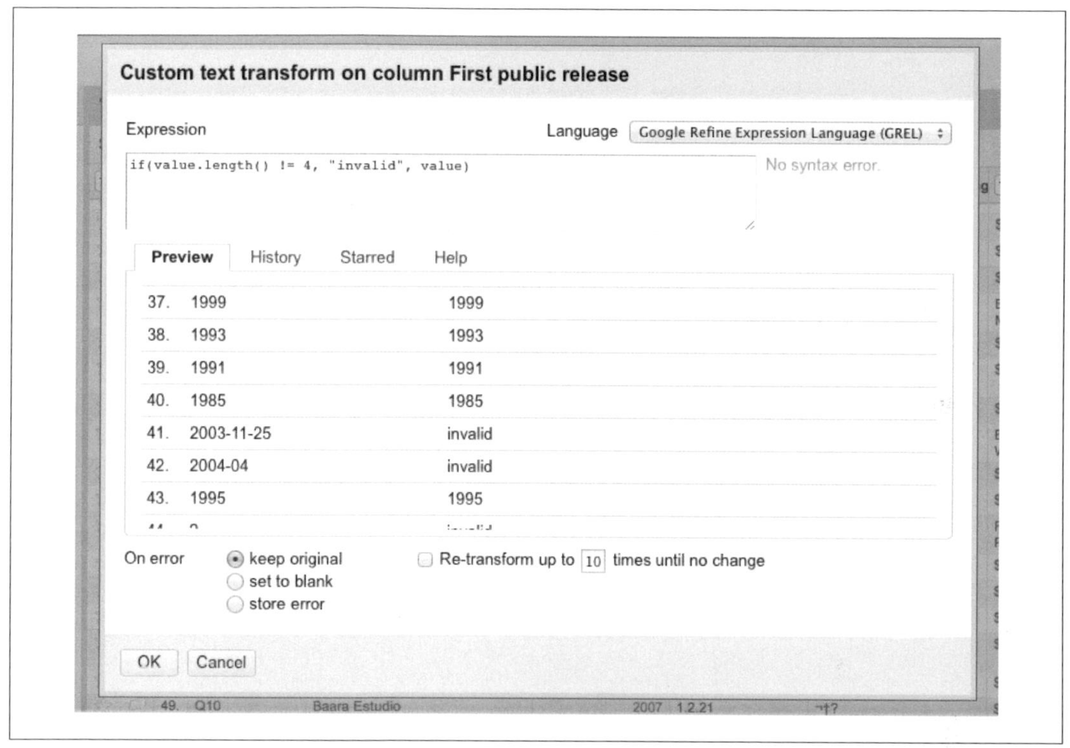

圖 8-4 插入 GREL 陳述到一個專案中（下面顯示預覽）

點擊欄標籤旁邊的箭頭並選擇 Edit cells → Transform 以新增 GREL 陳述。

標示小於某個值標示為 invalid 雖然很容易檢視但沒什麼用處。最好是先解決格式的問題。這可以用 GREL 的 `match` 函式處理：

```
value.match(".*([0-9]{4}).*").get(0)
```

它嘗試找出符合指定正規表示式的字串值。若字串符合正規表示式則回傳一個陣列。符合正規表示式的 "capture group"（此例中為 `[0-9]{4}`）的子字串會以陣列值回傳。

這個程式找出連續四位數並回傳第一個數，它應該可以從文字中擷取年份。它對不存在的日期會回傳 `null`（GREL 處理空變數時不會拋出指標例外）。

許多資料轉換可透過格編輯與 GREL 完成。完整的語言指南見 OpenRefine 的 GitHub 網頁（*https://github.com/OpenRefine/OpenRefine/wiki/Documentation-For-Users*）。

第九章

讀寫自然語言

我們之前討論的都是數字或可數的資料。大部分情況下，你只是儲存資料而沒有分析。這一章嘗試處理英文語言。[1]

Google 怎麼知道查詢"cute kitten"時要顯示圖片？因為圖片配的文字。YouTube 怎麼知道搜尋"dead parrot"時帶出 Monty Python 的影片？因為上傳影片時下的標題與說明。

事實上，輸入"deceased bird monty python"也會帶出同一段"Dead Parrot"影片，而該網頁並沒有提到"deceased"或"bird"。Google 知道"hot dog"是食物而"boiling puppy"是完全不同的東西。為什麼？因為統計！

雖然覺得你的專案跟統計沒什麼關係，認識這個概念對各種機器學習與演算法很有用。

舉例來說，Shazam 音樂服務在噪音下還是可以辨識音樂。Google 正在根據圖片本身加上標題[2]。例如根據已知的熱狗圖片學習熱狗的外觀與模式學習。

1 雖然這一章討論的技巧適用於大部分語言，但現在只專注於英文。Python 的 Natural Language Toolkit 等工具也是專注於英文。網際網路有 56% 還是英文（第二名是 6% 的德文，資料來源 W3Techs，*http://w3techs.com/technologies/overview/content_language/all*）。但未來一定會改變，幾年內就會有變化。

2 Oriol Vinyals et al, "A Picture Is Worth a Thousand (Coherent) Words: Building a Natural Description of Images" (*http://bit.ly/1HEJ8kX*), *Google Research Blog, November 17, 2014*).

歸納資料

第 8 章討論過將文字分解成 n-gram。基本上這可用於分析文字中最常見的詞彙組合。除此之外，它還可用於人工發音。

接下來使用的樣本是美國第九任總統威廉亨利哈里森的就職演說。他創下兩個記錄：最長的就職演說與最短的任職時間：32 天。

你會使用完整的演說內容（*http://pythonscraping.com/files/inaugurationSpeech.txt*）作為資料來源。

修改第 8 章的 n-gram 程式以產生回傳所有 2-gram 的 `Counter` 物件：

```
from urllib.request import urlopen
from bs4 import BeautifulSoup
import re
import string
from collections import Counter

def cleanSentence(sentence):
    sentence = sentence.split(' ')
    sentence = [word.strip(string.punctuation+string.whitespace)
        for word in sentence]
    sentence = [word for word in sentence if len(word) > 1
        or (word.lower() == 'a' or word.lower() == 'i')]
    return sentence

def cleanInput(content):
    content = content.upper()
    content = re.sub('\n', ' ', content)
    content = bytes(content, "UTF-8")
    content = content.decode("ascii", "ignore")
    sentences = content.split('. ')
    return [cleanSentence(sentence) for sentence in sentences]

def getNgramsFromSentence(content, n):
    output = []
    for i in range(len(content)-n+1):
        output.append(content[i:i+n])
    return output

def getNgrams(content, n):
    content = cleanInput(content)
    ngrams = Counter()
    ngrams_list = []
    for sentence in content:
```

```
        newNgrams = [' '.join(ngram) for ngram in
            getNgramsFromSentence(sentence, 2)]
        ngrams_list.extend(newNgrams)
        ngrams.update(newNgrams)
    return(ngrams)


content = str(
      urlopen('http://pythonscraping.com/files/inaugurationSpeech.txt')
        .read(), 'utf-8')
ngrams = getNgrams(content, 2)
print(ngrams)
```

部分輸出如下：

```
Counter({'OF THE': 213, 'IN THE': 65, 'TO THE': 61, 'BY THE': 41,
'THE CONSTITUTION': 34, 'OF OUR': 29, 'TO BE': 26, 'THE PEOPLE': 24,
'FROM THE': 24, 'THAT THE': 23,...
```

在這些 2-gram 中，"the constitution" 是最常見的主題，但 "of the"、"in the"、"to the" 似乎無關緊要。你如何自動準確的排除不需要的詞？

幸好有人研究過 "有意義" 與 "不重要" 的詞。語言學教授 Mark Davies 有個 Corpus of Contemporary American English（*http://corpus.byu.edu/coca/*）從出版物中搜集了 4.5 億個詞彙。

最常見的 5000 個詞是免費的，且足夠用於過濾最常見的 2-gram。只用前 100 個詞就能以 isCommon 函式大幅改善結果：

```
def isCommon(ngram):
    commonWords = ['THE', 'BE', 'AND', 'OF', 'A', 'IN', 'TO', 'HAVE', 'IT', 'I',
        'THAT', 'FOR', 'YOU', 'HE', 'WITH', 'ON', 'DO', 'SAY', 'THIS', 'THEY',
        'IS', 'AN', 'AT', 'BUT', 'WE', 'HIS', 'FROM', 'THAT', 'NOT', 'BY',
        'SHE', 'OR', 'AS', 'WHAT', 'GO', 'THEIR', 'CAN', 'WHO', 'GET', 'IF',
        'WOULD', 'HER', 'ALL', 'MY', 'MAKE', 'ABOUT', 'KNOW', 'WILL', 'AS',
        'UP', 'ONE', 'TIME', 'HAS', 'BEEN', 'THERE', 'YEAR', 'SO', 'THINK',
        'WHEN', 'WHICH', 'THEM', 'SOME', 'ME', 'PEOPLE', 'TAKE', 'OUT', 'INTO',
        'JUST', 'SEE', 'HIM', 'YOUR', 'COME', 'COULD', 'NOW', 'THAN', 'LIKE',
        'OTHER', 'HOW', 'THEN', 'ITS', 'OUR', 'TWO', 'MORE', 'THESE', 'WANT',
        'WAY', 'LOOK', 'FIRST', 'ALSO', 'NEW', 'BECAUSE', 'DAY', 'MORE', 'USE',
        'NO', 'MAN', 'FIND', 'HERE', 'THING', 'GIVE', 'MANY', 'WELL']
    for word in ngram:
        if word in commonWords:
            return True
    return False
```

它產生下列出現超過兩次的 2-gram：

```
Counter({'UNITED STATES': 10, 'EXECUTIVE DEPARTMENT': 4,
'GENERAL GOVERNMENT': 4, 'CALLED UPON': 3, 'CHIEF MAGISTRATE': 3,
'LEGISLATIVE BODY': 3, 'SAME CAUSES': 3, 'GOVERNMENT SHOULD': 3,
'WHOLE COUNTRY': 3,...
```

前兩個項目如預期是 "United States" 與 "executive department"。

請注意，使用現代常見詞彙清單來過濾 1841 年的文章可能不是合宜的。但只使用前 100 個詞──可以假設還是適用──且產生看起來不錯的結果，你可以節省力氣或建構 1841 年最常見的詞彙（雖然可能很有趣）。

從此文章中擷取一些關鍵詞後，要如何產生歸納？一種方式是搜尋帶有 "常見" n-gram 的第一個句子，有個理論是第一句可以產生還不錯的文章概要。前五個最常見 2-gram 產生下列摘要：

- The Constitution of the United States is the instrument containing this grant of power to the several departments composing the Government.
- Such a one was afforded by the executive department constituted by the Constitution.
- The General Government has seized upon none of the reserved rights of the States.
- Called from a retirement which I had supposed was to continue for the residue of my life to fill the chief executive office of this great and free nation, I appear before you, fellow-citizens, to take the oaths which the constitution prescribes as a necessary qualification for the performance of its duties; and in obedience to a custom coeval with our government and what I believe to be your expectations I proceed to present to you a summary of the principles which will govern me in the discharge of the duties which I shall be called upon to perform.
- The presses in the necessary employment of the Government should never be used to "clear the guilty or to varnish crime."

這也許還不能當做真的摘要，但原始文章有 217 句，而第四句（"Called from a retirement..."）點到主題，以第一輪來看還可以。

對更長的文章，也許可以用 3-gram 或 4-gram 擷取 "最重要" 的句子。此例中，唯一的 3-gram 是 "exclusive metallic currency" - 不太像是總統就職演說。對更長的文章，也許可以用 3-gram。

另一種方式是檢視帶有最常見 n-gram 的句子。當然它傾向更長的句子，若有問題，你可以檢視常見 n-gram 比率最高的句子或自己加權。

Markov 模型

你可能聽說過 Markov 文字產生程序。它可以用於娛樂，像是 "That can be my next tweet ！"（*http://yes.thatcan.be/my/next/tweet/*）以及產生垃圾郵件。

這些文字產生器用的都是馬可夫模型（Markov model），這種模型經常用來分析龐大的隨機事件構成的集合，裡面每個獨立事件都伴隨著轉移到其他獨立事件的機率。

舉例來說，你可以建構如圖 9-1 所示的 Markov 模型天氣系統。

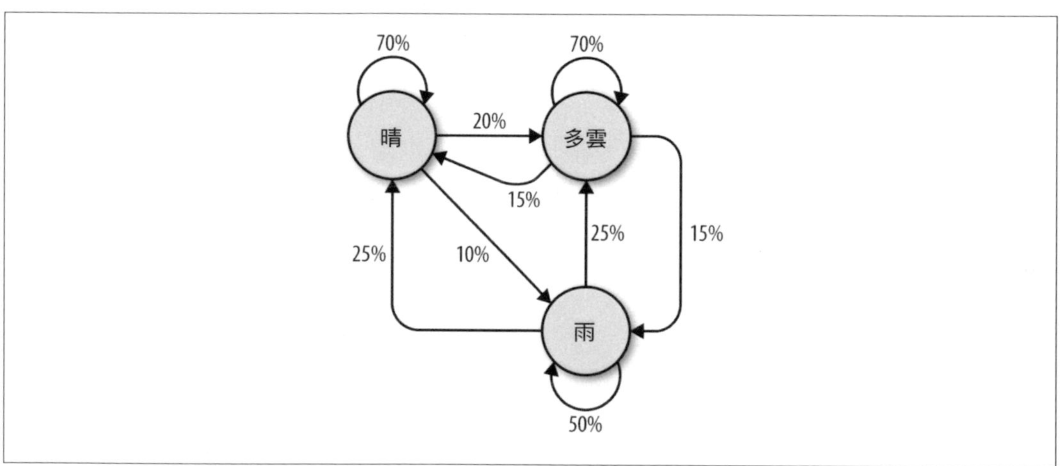

圖 9-1 描述天氣系統的 Markov 模型

此模型中，晴天隔日為晴天的機率為 70%，多雲機率 20%，下雨機率 10%。下雨隔日下雨的機率為 50%，晴天機率 25%，多雲機率 25%。

你或許會注意到此 Markov 模型的幾個性質：

- 從單一節點出發的所有比例，相加之後必須正好等於 100%。不管系統多複雜，一個狀態都必須有總共 100% 的機率前往下一個狀態。
- 雖然任一時間都只可能出現三種天氣之一，你還是可以用這個模型產生無限的天氣狀態變化。

- 只有目前所在的節點狀態會影響下一步走到哪裡。如果目前在「晴天」節點，則不管之前一百天是晴是雨一隔天晴天的機率都完全一樣：70%。
- 抵達某些節點可能比抵達其他節點困難。推導出這個結論的數學有點複雜，但是你應該輕易看出「下雨」（指向它的箭頭機率總和小於 100%）在這個系統裡，不管在任何時間，與「晴天」、「多雲」相較之下都是很難抵達的狀態。

很明顯這是個節點的系統，而 Markov 模型可以長很大。Google 的 page-rank 演算法部分根據 Markov 模型，網站為節點而連結是節點間的關聯。落在特定節點的“機率”代表網站的分數。也就是若我們的天氣系統代表一個非常小的網路，“雨”的分數很低，而“多雲”的分數比較高。

記住以上這些，讓我們討論一個更實際的例子：分析與撰寫文字。

同樣使用美國第九任總統威廉亨利哈里森的就職演說，你可以用下列程式產生任意長度的 Markov 鏈（長度設定為 100）：

```
from urllib.request import urlopen
from random import randint

def wordListSum(wordList):
    sum = 0
    for word, value in wordList.items():
        sum += value
    return sum

def retrieveRandomWord(wordList):
    randIndex = randint(1, wordListSum(wordList))
    for word, value in wordList.items():
        randIndex -= value
        if randIndex <= 0:
            return word

def buildWordDict(text):
    # 刪除換行與引號
    text = text.replace('\n', ' ');
    text = text.replace('"', '');

    # 確保符號或視為“字”
    # 使它們引入 Markov 鏈
    punctuation = [',','.',';',':']
    for symbol in punctuation:
        text = text.replace(symbol, ' {} '.format(symbol));
```

```
    words = text.split(' ')
    # 過濾空字
    words = [word for word in words if word != '']

    wordDict = {}
    for i in range(1, len(words)):
        if words[i-1] not in wordDict:
                # 產生長度 100 的 Markov 鏈
            wordDict[words[i-1]] = {}
        if words[i] not in wordDict[words[i-1]]:
            wordDict[words[i-1]][words[i]] = 0
        wordDict[words[i-1]][words[i]] += 1
    return wordDict

text = str(urlopen('http://pythonscraping.com/files/inaugurationSpeech.txt')
          .read(), 'utf-8')
wordDict = buildWordDict(text)

#Generate a Markov chain of length 100
length = 100
chain = ['I']
for i in range(0, length):
    newWord = retrieveRandomWord(wordDict[chain[-1]])
    chain.append(newWord)

print(' '.join(chain))
```

此程式的輸出每次執行都不同，下面是它產生的莫名其妙文字：

```
I sincerely believe in Chief Magistrate to make all necessary sacrifices and
oppression of the remedies which we may have occurred to me in the arrangement
and disbursement of the democratic claims them , consolatory to have been best
political power in fervently commending every other addition of legislation , by
the interests which violate that the Government would compare our aboriginal
neighbors the people to its accomplishment . The latter also susceptible of the
Constitution not much mischief , disputes have left to betray . The maxim which
may sometimes be an impartial and to prevent the adoption or
```

程式怎麼了？

`buildWordDict` 函式輸入從網際網路擷取的字串，然後進行一些清理，刪除引號並在符號前後加上空白使其被視為字，然後建構如下的二維字典——字典的字典：

```
{word_a : {word_b : 2, word_c : 1, word_d : 1},
 word_e : {word_b : 5, word_d : 2},...}
```

此字典中，“word_a” 出現四次，兩次後面是 “word_b”，一次是 “word_c”，一次是 “word_d”。“word_e” 後面 “word_b” 出現 5 次，“word_d” 兩次。

若畫出此結果的節點模型，word_a 節點有個 50% 的箭頭指向 “word_b”（四次有兩次），有個 25% 的箭頭指向 “word_c”，有個 25% 的箭頭指向 “word_d”。

建立字典後，它可用於查詢下一個是什麼，無論目前是哪一個字[3]。使用此字典的字典，若目前在 “word_e”，這表示你會將 `{word_b : 5, word_d: 2}` 傳給 `retriveRandomWord` 函式。此函式根據出現次數權重從字典隨機挑選字。

任意從一個字開始（此例中為 “I”），你可以遍歷 Markov 鏈，產生任意數量的字。

這些 Markov 鏈在搜集更多的文字時可改善 “真實性”，特別是搜集類似寫作風格時。雖然此例使用 2-gram 來建構鏈（以前面的字預測後面的字），3-gram 或更高的 n-gram 可使用更多前面的字來預測後面的字。

雖然很有趣並利用了網路上爬來的大量文字，這樣子的應用程式會難以見識到 Markov 鏈的實際應用。如前述，Markov 鏈建立網頁間連結的模型。大量連結可組成適於分析的網路圖。Markov 鏈以此方式組成思考網頁爬行程序的基礎。

維基六度分離：結論

第 3 章建構一個搜集從 Kevin Bacon 開始的維基文章中連結的擷取程序，第 6 章將這些連結儲存在資料庫中。為什麼又說一次？因為找出從一頁到目標頁的路徑（例如從 *https://en.wikipedia.org/wiki/Kevin_Bacon* 到 *https://en.wikipedia.org/wiki/Eric_Idle*）與找出第一個字到最後一個字的 Markov 鏈是一樣的。

這種問題是**有向圖**問題，其中 A → B 不一定等於 B → A。“football” 可能後面經常跟著 “player”，但 “player” 很少後面跟著 “football”。雖然 Kevin Bacon 的維基文章連結到他的出生地費城，但費城的文章並沒有連結他。

相反的，原始的 Kevin Bacon 六度分離是**無向圖**。若 Kevin Bacon 與 Julia Roberts 合演 *Flatliners*，則 Julia Roberts 一定與 Kevin Bacon 合演 *Flatliners*，因此關係是雙向的（沒有 “方向”）。無向圖在電腦科學中較有向圖常見，而兩者都不好解。

---

3 文章的最後一個字是例外，因為最後一個字後面沒有別的字。範例中的最後一個字是句號，它還另外出現 215 次所以不會是終點。但實際實作 Markov 產生程序時可能要考慮最後一個字。

雖然這個類型的問題有各種解法，但在有向圖中找尋最短路徑——找出 Kevin Bacon 的維基文章到其他維基文章間的路徑——最常見與最佳的方法是廣度優先搜尋。

廣度優先搜尋先搜尋起始頁的所有連結。若這些連結中沒有目標頁（搜尋標的），則搜尋第二層連結——被起始頁連結的頁的連結。重複此程序直到深度限制（此例中為 6）或找到目標頁。

下面是廣度優先搜尋的完整方案，使用第 6 章的連結資料表：

```
import pymysql

conn = pymysql.connect(host='127.0.0.1', unix_socket='/tmp/mysql.sock',
    user='', passwd='', db='mysql', charset='utf8')
cur = conn.cursor()
cur.execute('USE wikipedia')

def getUrl(pageId):
    cur.execute('SELECT url FROM pages WHERE id = %s', (int(pageId)))
    return cur.fetchone()[0]

def getLinks(fromPageId):
    cur.execute('SELECT toPageId FROM links WHERE fromPageId = %s',
        (int(fromPageId)))
    if cur.rowcount == 0:
        return []
    return [x[0] for x in cur.fetchall()]

def searchBreadth(targetPageId, paths=[[1]]):
    newPaths = []
    for path in paths:
        links = getLinks(path[-1])
        for link in links:
            if link == targetPageId:
                return path + [link]
            else:
                newPaths.append(path+[link])
    return searchBreadth(targetPageId, newPaths)

nodes = getLinks(1)
targetPageId = 28624
pageIds = searchBreadth(targetPageId)
for pageId in pageIds:
    print(getUrl(pageId))
```

getUrl 是根據網頁 ID 從資料庫取得 URL 的輔助函式。同樣的，getLinks 以代表目前頁的整數 ID 作為 fromPageId 取得所有連結的整數 ID。

searchBreadth 這個主函式遞迴的建構所有可能的路徑並在找到目標頁路徑時停止：

- 它從代表使用者在 ID 為 1 的目標頁（Kevin Bacon）且沒有連結的單一路徑 [1] 開始。
- 對清單中的每個路徑（在第一輪時，只有一個路徑，因此步驟很簡單），它會清單從路徑中最後一頁所表示的頁面連結出來的所有連結。
- 它檢查每個外向連結是否等於 targetPageId。若相等則回傳該路徑。
- 若找不到，則將新的路徑加到由舊路徑加新外向網頁連結組成的新的路徑清單（越來越長的清單）中。
- 若在這一層找不到 targetPageId，再以相同的 targetPageId 與新的路徑清單遞迴呼叫 searchBreadth。

找出兩個網頁間的路徑的網頁 ID 清單後，每個 ID 解析成實際 URL 輸出。

搜尋 Kevin Bacon（此資料庫中的網頁 ID 為 1）與 Eric Idle（此資料庫中的網頁 ID 為 28624）間的連結的輸出如下：

```
/wiki/Kevin_Bacon
/wiki/Primetime_Emmy_Award_for_Outstanding_Lead_Actor_in_a_
Miniseries_or_a_Movie
/wiki/Gary_Gilmore
/wiki/Eric_Idle
```

其連結關係是：Kevin Bacon → Primetime Emmy Award → Gary Gilmore → Eric Idle。

除了解決六度分離與字前後關係外，有向與無向圖還可用於各種網站擷取的模型。哪個連結指向其他網站？哪篇論文引用其他論文？哪個產品與哪個產品相關？連結的強度是多少？此連結是倒數嗎？

找出這些基本關係對建立模型、視覺化與預測非常有幫助。

自然語言工具組

前面主要討論文字的統計分析。什麼字最常見？什麼字罕見？什麼字可能跟著什麼字？它們如何結合？缺的是認識字代表的意思。

自然語言工具組（*Natural Language Toolkit*，NLTK）是用於識別與標示自然英文的 Python 函式庫。它從 2000 年開始發展，過去 15 年有幾十個開發者參與。雖然它提供很多功能（需要一整本書來討論），但這一節只討論幾個部分。

安裝與設定

nltk 模組與其他 Python 模組的安裝方式一樣，直接從 NLTK 網站下載或使用第三方安裝程序加上“nltk”關鍵字。完整的安裝指令見 NLTK 網站（*http://www.nltk.org/install.html*）。

安裝模組後，下載預設文字資料以方便測試功能。從 Python 命令列輸入：

```
>>> import nltk
>>> nltk.download()
```

它會開啟 NLTK Downloader（圖 9-2）。

第一次嘗試 NLTK 時我建議安裝所有套件。你可以隨時解除安裝套件。

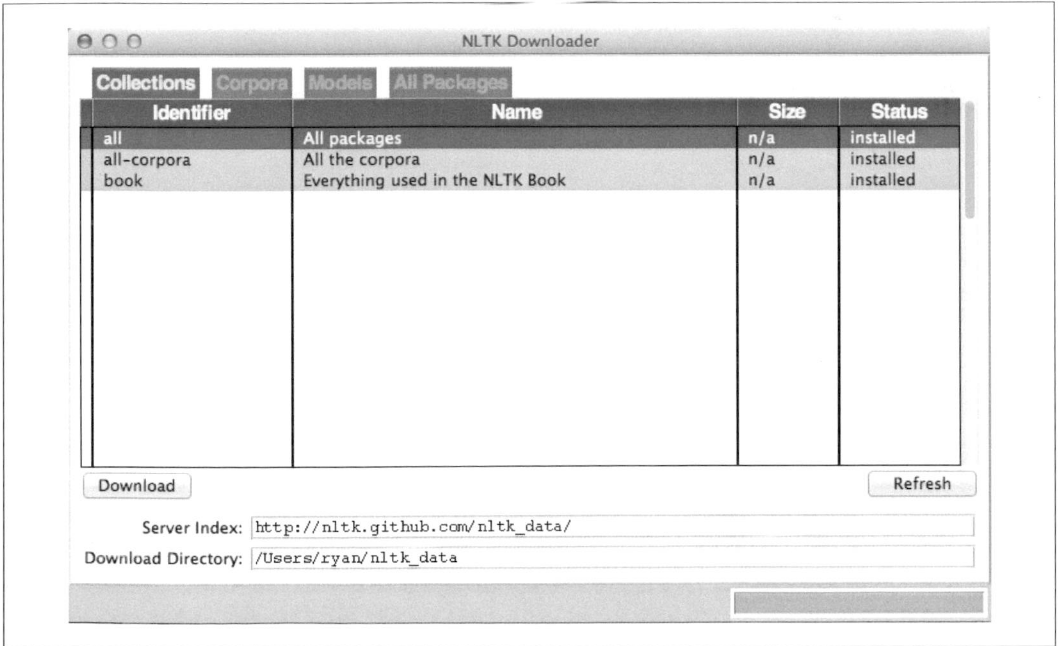

圖 9-2 NLTK Downloader 能讓你下載與 nltk 模組有關的選擇性套件與文字庫

NLTK 與統計分析

NLTK 很會產生字數、字頻率與字多樣性統計資訊。若只需要相對計算（例如獨特的文字數量），用 nltk 是多餘的——它是個大模組。但若需要大量分析，它的函式可以提供各種數據。

以 NLTK 進行分析均從 Text 物件開始。以 Python 字串建構 Text 物件：

```
from nltk import word_tokenize
from nltk import Text

tokens = word_tokenize('Here is some not very interesting text')
text = Text(tokens)
```

word_tokenize 函式的輸入可以是任意 Python 字串。若沒有資料但還是想要測試功能，NLTK 的函式庫中有幾本書可透過 import 函式存取：

```
from nltk.book import *
```

它載入這九本書：

```
*** Introductory Examples for the NLTK Book ***
Loading text1, ..., text9 and sent1, ..., sent9
Type the name of the text or sentence to view it.
Type: 'texts()' or 'sents()' to list the materials.
text1: Moby Dick by Herman Melville 1851
text2: Sense and Sensibility by Jane Austen 1811
text3: The Book of Genesis
text4: Inaugural Address Corpus
text5: Chat Corpus
text6: Monty Python and the Holy Grail
text7: Wall Street Journal
text8: Personals Corpus
text9: The Man Who Was Thursday by G . K . Chesterton 1908
```

接下來的範例使用 text6 的 "Monty Python and the Holy Grail"（1975 年電影的劇本）。

Text 物件的操作如同 Python 的陣列，類似文字陣列。利用此性質，你可以計算獨特字數並與總數比較（記得 Python 的 set 只儲存獨特值）：

```
>>> len(text6)/len(set(text6))
7.833333333333333
```

上面顯示劇本中每個字平均使用八次。你也可以將文字放進頻率分佈物件來判斷最常見的字與各個字的頻率：

```
>>> from nltk import FreqDist
>>> fdist = FreqDist(text6)
>>> fdist.most_common(10)
[(':', 1197), ('.', 816), ('!', 801), (',', 731), ("'", 421), ('[', 3
19), (']', 312), ('the', 299), ('I', 255), ('ARTHUR', 225)]
>>> fdist["Grail"]
34
```

由於這是劇本，它會顯示一些意涵。舉例來說，全部大寫的“ARTHUR”有很高的頻率是因為它出現在 King Arthur 的每一行台詞前面。此外，每一行前面都有的冒號（：）是角色名稱與台詞間的連接符號。利用這個事實，我們可以知道此電影有 1197 句台詞！

前面的 2-gram 在 NLTK 中稱為 *bigram*（3-gram 稱為 *trigram*，但我偏好 2-gram 與 3-gram 而非 bigram 與 trigram）。你可以輕鬆的建立、搜尋與列出 2-gram：

```
>>> from nltk import bigrams
>>> bigrams = bigrams(text6)
>>> bigramsDist = FreqDist(bigrams)
>>> bigramsDist[('Sir', 'Robin')]
18
```

要搜尋“Sir Robin”這個 2-gram，你必須將它分解成資料組（“Sir”，“Robin”）以符合頻率分佈表示 2-gram 的方式。還有個 **trigrams** 模組也是如此運作。對一般狀況來說，你也可以匯入 **ngrams** 模組：

```
>>> from nltk import ngrams
>>> fourgrams = ngrams(text6, 4)
>>> fourgramsDist = FreqDist(fourgrams)
>>> fourgramsDist[('father', 'smelt', 'of', 'elderberries')]
1
```

它呼叫 **ngrams** 函式以分解文字物件成第二個參數指定大小的 n-gram。此例將文字分解成 4-gram。然後你可以看出“father smelt of elderberries”在劇本中只出現一次。

頻率分佈、文字物件與 n-gram 都可以在迴圈中操作。下面的程式輸出所有以“coconut”開頭的 4-gram：

```
from nltk.book import *
from nltk import ngrams
fourgrams = ngrams(text6, 4)
for fourgram in fourgrams:
    if fourgram[0] == 'coconut':
        print(fourgram)
```

NLTK 函式庫有各種工具與物件可組織、計算、排序與評估文字。雖然我們只討論了一小部分，但大部分工具都很容易使用。

NLTK 與語意分析

前面你只根據字的值來分類，沒有區分同義字或背景。

雖然有些人認為同義字的問題少見，但其實它們很常出現。大部分以英文作為母語的人，很少注意到同義字可能在不同背景下會與其他字混淆。

"He was objective in achieving his objective of writing an objective philosophy, primarily using verbs in the objective case" 會讓網站擷取程序認為同一個字使用四次，但不知道意義的不同。

能夠分辨不同背景很有用。舉例來說，你可能想查詢英文字組成的公司名稱或分析對公司的看法。"ACME Products is good" 與 "ACME Products is not bad" 基本上意義相同，而一個使用 "good" 另一個使用 "bad"。

Penn Treebank 標籤

NLTK 使用賓大的 Penn Treebank 專案開發的標籤系統（*https://catalog.ldc.upenn.edu/ldc99t42*）。雖然有些標籤合理（例如 CC 代表 coordinating conjunction），但有些很含糊（例如 RP 代表 particle）。下面是這些標籤的參考：

CC Coordinating conjunction
CD Cardinal number
DT Determiner
EX Existential "there"
FW Foreign word
IN Preposition, subordinating conjunction
JJ Adjective
JJR Adjective, comparative
JJS Adjective, superlative
LS List item marker
MD Modal
NN Noun, singular or mass
NNS Noun, plural

NNP	Proper noun, singular
NNPS	Proper noun, plural
PDT	Predeterminer
POS	Possessive ending
PRP	Personal pronoun
PRP$	Possessive pronoun
RB	Adverb
RBR	Adverb, comparative
RBS	Adverb, superlative
RP	Particle
SYM	Symbol
TO	"to"
UH	Interjection
VB	Verb, base form
VBD	Verb, past tense
VBG	Verb, gerund or present participle
VBN	Verb, past participle
VBP	Verb, non-third-person singular present
VBZ	Verb, third person singular present
WDT	wh-determiner
WP	Wh-pronoun
WP$	Possessive wh-pronoun
WRB	Wh-adverb

除了評估語言外，NLTK 可以根據背景與自定字典找出字的意義。基本上，NLTK 可辨識文字分段：

```
>>> from nltk.book import *
>>> from nltk import word_tokenize
>>> text = word_tokenize('Strange women lying in ponds distributing swords'\
'is no basis for a system of government.')
>>> from nltk import pos_tag
>>> pos_tag(text)
[('Strange', 'NNP'), ('women', 'NNS'), ('lying', 'VBG'), ('in', 'IN')
, ('ponds', 'NNS'), ('distributing', 'VBG'), ('swords', 'NNS'), ('is'
, 'VBZ'), ('no', 'DT'), ('basis', 'NN'), ('for', 'IN'), ('a', 'DT'),
('system', 'NN'), ('of', 'IN'), ('government', 'NN'), ('.', '.')]
```

每個字拆開成字與標籤的資料組（見上面的標籤參考）。雖然看起來查詢很容易，但下面的例子顯示其正確執行的複雜性：

```
>>> text = word_tokenize('The dust was thick so he had to dust')
>>> pos_tag(text)
[('The', 'DT'), ('dust', 'NN'), ('was', 'VBD'), ('thick', 'JJ'), ('so', 'RB'), ('he',
'PRP'), ('had', 'VBD'), ('to', 'TO'), ('dust', 'VB')]
```

請注意，"dust" 出現兩次：一次是名詞，一次是動詞。NLTK 可根據句子的背景正確的辨識。NLTK 使用無關背景的文法辨識出分段。**無關背景的文法**是定義什麼東西接著什麼的一組規則。此例中，它們定義了什麼分段可以接著什麼分段。遇到像是 "dust" 這種字時會參考無關背景的文法規則選擇適合的分段。

機器學習與機器訓練

你可以透過訓練讓 NLTK 產生新的背景無關文法，例如某種外語。若以 Penn Treebank 標籤手工標示大量外語文字，你可以將它輸入到 NLTK 來訓練它。這種訓練是機器學習必要的步驟，第 14 章會討論訓練擷取程序辨識 CAPTCHA 字元。

知道一個字是動詞還是名詞有什麼用？學術上可能有用，但對網站擷取呢？

網站擷取時一個常見的問題是處理搜尋。你可能想要搜尋 "google" 這個字，但只限於動詞而非名詞。或你想要搜尋 Google 這家公司但不限大小寫格式。pos_tag 函式很適合這個情況：

```
from nltk import word_tokenize, sent_tokenize, pos_tag
sentences = sent_tokenize('Google is one of the best companies in the world.'\
' I constantly google myself to see what I\'m up to.')
nouns = ['NN', 'NNS', 'NNP', 'NNPS']

for sentence in sentences:
    if 'google' in sentence.lower():
        taggedWords = pos_tag(word_tokenize(sentence))
            for word in taggedWords:
                if word[0].lower() == 'google' and word[1] in nouns:
                    print(sentence)
```

它只輸出帶有名詞“google”（或“Google”）的句子。當然，你可以更明確的指定標籤為“NNP”（Proper noun, singular）的 Google，但 NLTK 有時候會犯錯，因此要再自行判斷。

很多語言的含糊處可使用 NLTK 的 `pos_tag` 函式解決。同時搜尋字詞與標籤可大幅的提升擷取程序的準確性。

其他資源

由機器處理、分析與認識自然語言是電腦科學中最困難的任務之一且有無數的研究論文。我希望以上的討論能啟發你超越傳統的網站擷取或至少作為自然語言分析的起點。

有很多自然語言處理與 Python 的 Natural Language Toolkit 的資源，特別是 Bird、Ewan Klein、Edward Loper 合著的《*Natural Language Processing with Python*》（歐萊禮）有深入的介紹。

此外，James Pustejovsky 與 Amber Stubb 的《*Natural Language Annotations for Machine Learning*》（歐萊禮）提供更進階的理論指南。這些內容需要 Python 的知識；它討論 Python 的 Natural Language Toolkit。

第十章

表單與登入

基本網站擷取後的問題是：“如何存取登入後的資訊？”。網路越來越朝向互動、社交與使用者自製內容。表單與登入是這些網站的一部分且幾乎不可能避免。幸好它們還容易處理。

前面大部分的網頁伺服器互動僅使用 HTTP 的 `GET` 來請求資訊。這一章專注於傳送資訊給伺服器的 `POST` 方法。

表單基本上讓使用者發送 `POST` 到網頁伺服器。如同連結標籤幫助使用者組成 `GET` 請求，HTML 的表單幫助他們組成 `POST` 請求。我們也可以透過程式建立並傳送請求。

Requests 函式庫

雖然能以 Python 的核心函式庫發送表單，但有方便的工具。以 Python 的核心函式庫的 `urllib` 發出 `GET` 請求外，還有其他函式庫可用。

Requests 函式庫（*http://www.python-requests.org*）可處理複雜的 HTTP 請求、cookie、標頭等。Requests 的創造者 Kenneth Reitz 是這麼說的：

> Python 的 `urllib2` 模組提供大部分的 HTTP 功能，但 API 很糟糕。它在不同的時間與網站下建構。它需要大量工作（與覆寫）才能執行簡單的任務。
>
> 事情不應如此。Python 不應如此。

如同其他 Python 函式庫，*Requests* 函式庫可透過 pip 等 Python 函式庫管理員安裝，或下載安裝原始檔（*https://github.com/kennethreitz/requests/tarball/master*）。

提交表單

大部分網頁表單由幾個 HTML 欄位、提交按鈕與處理表單的 action 網頁組成。HTML 欄位通常由文字組成，但也會有檔案上傳或其他內容。

有些網站以 *robots.txt* 檔案阻擋登入表單的存取（合法問題的討論見第 18 章），因此我在 *pythonscraping.com* 放了一些表單供你的網站擷取程序安全的執行。大部分表單的位置在 *http://pythonscraping.com/pages/files/form.html*。

完整的表單如下：

```
<form method="post" action="processing.php">
First name: <input type="text" name="firstname"><br>
Last name: <input type="text" name="lastname"><br>
<input type="submit" value="Submit">
</form>
```

有些事情要注意：首先，兩個欄位名稱是 `firstname` 與 `lastname`。這很重要。欄位的名稱決定提交表單時 POST 給伺服器的參數名稱。若想要模擬表單的 POST，你必須確保變數名稱與其相符。

其次，表單的 action 是 *processing.php*（絕對位址是 *http://pythonscraping.com/files/processing.php*）。此表單的 POST 請求應該對此頁而非表單本身的網頁。要記得：HTML 表單的唯一目的是幫助訪客組成正確的請求給 action 頁處理。除非你自行組合請求，否則無需注意表單網頁。

以 *Requests* 函式庫提交表單可用四行搞定，包括匯入與輸出內容（沒錯，很簡單）：

```
import requests

params = {'firstname': 'Ryan', 'lastname': 'Mitchell'}
r = requests.post("http://pythonscraping.com/pages/processing.php", data=params)
print(r.text)
```

提交表單後，此腳本會回傳網頁內容：

```
Hello there, Ryan Mitchell!
```

此腳本可應用在許多簡單的表單上。舉例來說，O'Reilly Media 的電子報註冊表單如下：

```
<form action="http://post.oreilly.com/client/o/oreilly/forms/
            quicksignup.cgi" id="example_form2" method="POST">
    <input name="client_token" type="hidden" value="oreilly" />
    <input name="subscribe" type="hidden" value="optin" />
```

```
    <input name="success_url" type="hidden" value="http://oreilly.com/store/
                newsletter-thankyou.html" />
    <input name="error_url" type="hidden" value="http://oreilly.com/store/
                newsletter-signup-error.html" />
    <input name="topic_or_dod" type="hidden" value="1" />
    <input name="source" type="hidden" value="orm-home-t1-dotd" />
    <fieldset>
        <input class="email_address long" maxlength="200" name=
                  "email_addr" size="25" type="text" value=
                  "Enter your email here" />
        <button alt="Join" class="skinny" name="submit" onclick=
                    "return addClickTracking('orm','ebook','rightrail','dod'
                                            );" value="submit">Join</button>
    </fieldset>
</form>
```

乍看之下很複雜，但大部分情況下（稍後會討論例外）只需注意兩件事：

- 要提交的欄位的名稱（此例中的名稱是 `email_addr`）
- 表單的 action 屬性；也就是發送對象（此例中是 *http://post.oreilly.com/client/o/oreilly/forms/quicksignup.cgi*）

加上必要的資訊並執行：

```
import requests
params = {'email_addr': 'ryan.e.mitchell@gmail.com'}
r = requests.post("http://post.oreilly.com/client/o/oreilly/forms/quicksignup.cgi",
                  data=params)
print(r.text)
```

此例中，網站回傳另一個表單，但同樣的概念適用於該表單。請勿用不正確的資料登入出版社的網站。

單選、複選與其他輸入

並非所有表單都只有文字輸入與提交按鈕。標準的 HTML 有各種輸入欄位：單選（radio）、複選（checkbox）、選擇框（select box）等。HTML5 還有滑條（範圍輸入）、郵件、日期等。使用 JavaScript 更有無限可能，包括顏色、日期與其他。

無論表單欄位看起來多複雜，你只需要注意兩件事：元素的名稱與值。元素的名稱可從原始碼的 `name` 屬性看到。值比較複雜，有可能是提交時才由 JavaScript 產生。以顏色挑選來說，值有可能像是 `#F03030`。

若不確定輸入欄位值的格式，你可以使用各種工具追蹤瀏覽器發出的 GET 與 POST。追蹤 GET 請求最好與最明顯的方式如前述是檢視網站的 URL。若 URL 如下：

```
http://domainname.com?thing1=foo&thing2=bar
```

你知道它對應如下表單：

```
<form method="GET" action="someProcessor.php">
<input type="someCrazyInputType" name="thing1" value="foo" />
<input type="anotherCrazyInputType" name="thing2" value="bar" />
<input type="submit" value="Submit" />
</form>
```

則對應此 Python 參數物件：

```
{'thing1':'foo', 'thing2':'bar'}
```

若 POST 表單很複雜，你想要看到瀏覽器實際送出的參數，最簡單的方式是使用瀏覽器的開發者工具（見圖 10-1）。

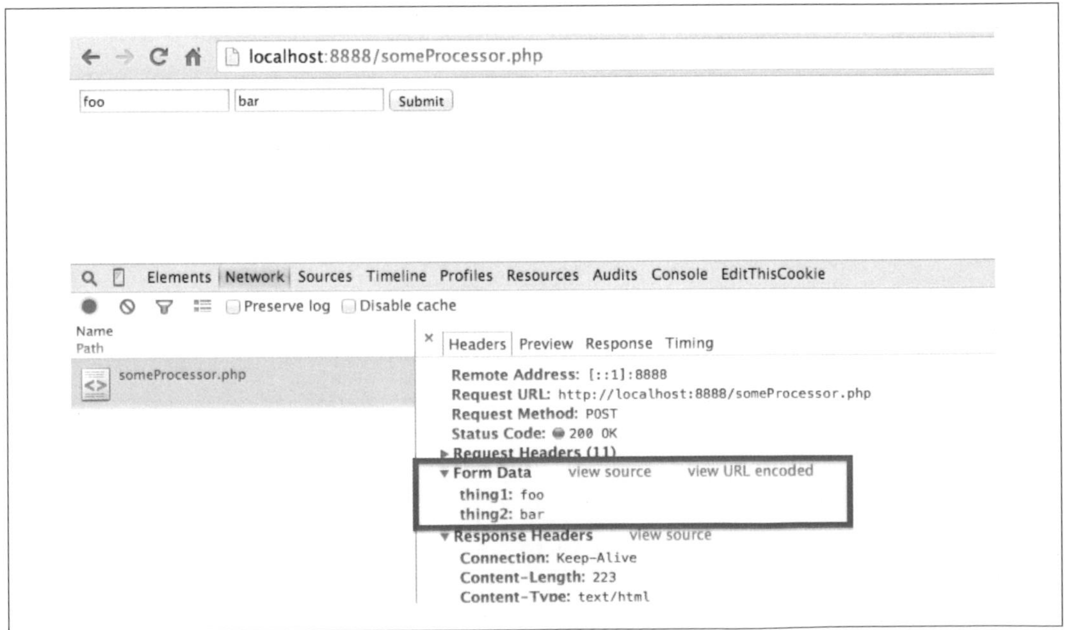

圖 10-1 方框標示的 Form Data 顯示 POST 參數 “thing1” 與 “thing2” 的值為 “foo” 與 “bar”

Chrome 的開發者工具可從 View → Developer → Developer Tools 選取。它列出瀏覽器產生的所有查詢並能檢視查詢細節。

提交檔案與圖檔

雖然檔案上傳很常見，但網站擷取時不常用。你可能會想要測試自己的網站的檔案上傳。無論如何，知道怎麼做很有用。

http://pythonscraping/files/form2.html 是個檔案上傳表單。此表單原始碼如下：

```
<form action="processing2.php" method="post" enctype="multipart/form-data">
  Submit a jpg, png, or gif: <input type="file" name="uploadFile"><br>
  <input type="submit" value="Upload File">
</form>
```

除了 `<input>` 標籤的 type 屬性為 `file` 外，它基本上跟前面的文字表單一樣。幸好，Python 的 Requests 函式庫的使用方式也類似：

```
import requests

files = {'uploadFile': open('files/python.png', 'rb')}
r = requests.post('http://pythonscraping.com/pages/processing2.php',
                  files=files)
print(r.text)
```

請注意，提交的表單欄位（名稱為 `uploadFile`）是 Python 的 File 物件，由 `open` 函式回傳。此例提交一個圖檔，路徑是 *../files/Python-logo.png*，相對於 Python 腳本的路徑。

是的，就是這麼簡單！

處理登入與 cookie

前面都是討論提交資訊或檢視網頁資訊。這與讓你登入的表單有什麼不同？

大部分網站使用 cookie 記錄登入狀態。網站檢查過登入資訊後將它儲存在瀏覽器的 cookie 中，它通常儲存伺服器產生的標識、逾時與追蹤資訊。網站使用這些資訊作為登入憑證。90 年代中期廣泛使用 cookie 前，安全登入與追蹤是網站的大問題。

雖然 cookie 是網站開發者的好方案，但對網站擷取是個麻煩。你可以提交登入，但若沒有記錄網站回傳給你的 cookie，接下來的請求彷彿從未登入一樣。

我在 *http://pythonscraping.com/pages/cookies/login.html* 放了一個登入表單（使用者名稱隨便寫，密碼是"password"）。這個表單由 *http://pythonscraping.com/pages/cookies/welcome.php* 處理，連結到 *http://pythonscraping.com/pages/cookies/profile.php*。

若存取 welcome.php 或 profile.php 而沒有先登入，你會看到錯誤與登入訊息。profile.php 檢查瀏覽器的 cookie 是否在登入頁被設定。

以 Requests 函式庫檢查 cookie 很容易：

```
import requests

params = {'username': 'Ryan', 'password': 'password'}
r = requests.post('http://pythonscraping.com/pages/cookies/welcome.php', params)
print('Cookie is set to:')
print(r.cookies.get_dict())
print('Going to profile page...')
r = requests.get('http://pythonscraping.com/pages/cookies/profile.php',
                 cookies=r.cookies)
print(r.text)
```

它發送登入參數給 welcome.php，此頁處理登入表單。你從前一個請求的結果取得 cookie，輸出驗證結果，然後設定 cookie 以將它們發送給 profile.php。

它是可行，但若要處理會修改 cookie 的更複雜的網站，或不想使用 cookie 呢？可以使用 Requests 的 session 函式：

```
import requests

session = requests.Session()

params = {'username': 'username', 'password': 'password'}
s = session.post('http://pythonscraping.com/pages/cookies/welcome.php', params)
print('Cookie is set to:')
print(s.cookies.get_dict())
print('Going to profile page...')
s = session.get('http://pythonscraping.com/pages/cookies/profile.php')
print(s.text)
```

此例中，session 物件（呼叫 requests.Session() 取得）會記錄 session 資訊，例如 cookie、標頭與 HTTPAdapters 等協定資訊。

Requests 是個好函式庫，對程式設計師的方便性或許僅次於 Selenium（見第 11 章）。雖然可以全部交給函式庫處理，但要注意 cookie 內容與它控制的東西。它可以節省除錯或搞定網站行為的時間！

HTTP 的基本存取驗證

cookie 之前，常見的登入處理是使用 HTTP 的**基本存取驗證**。你有時候還會看到它，特別是企業網站與某些 API。*http://pythonscraping.com/pages/auth/login.php* 使用這種驗證（見圖 10-2）。

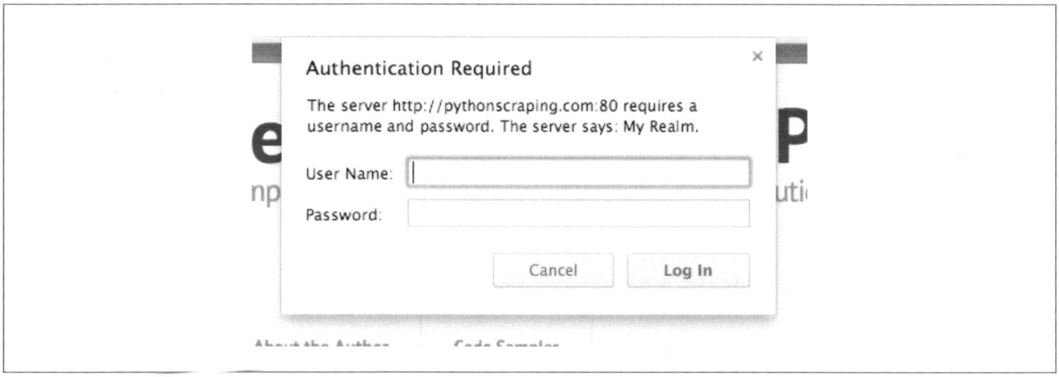

圖 10-2 使用者必須輸入名稱與密碼才能存取基本存取驗證保護的網頁

如同前面的例子，你可以隨便寫使用者名稱，而密碼是“password”。

Requests 套件有個 auth 模組專門處理 HTTP 驗證：

```
import requests
from requests.auth import AuthBase
from requests.auth import HTTPBasicAuth

auth = HTTPBasicAuth('ryan', 'password')
r = requests.post(url='http://pythonscraping.com/pages/auth/login.php', auth=
                  auth)
print(r.text)
```

雖然看起來是普通的 POST 請求，但 HTTPBasicAuth 物件會以 auth 參數傳給請求。它產生的文字是以名稱與密碼保護的網頁（請求失敗時是 Access Denied 網頁）。

其他表單問題

網頁表單是惡意機器人的進入熱點。你不希望機器人建立賬號、佔用伺服器的處理時間、或提交垃圾廣告。因此網站會在 HTML 表單中加上某些安全功能。

CAPTCHA 見討論圖像處理與文字辨識的第 13 章。

遇到不明錯誤或伺服器拒絕表單的提交，見討論 honeypot、隱藏欄位與其他安全保護機制的第 14 章。

第十一章

與擷取相關的 JavaScript

用戶端腳本語言是在瀏覽器而非伺服器執行的語言。用戶端語言取決於瀏覽器正確解譯與執行語言的能力（這是可以很容易的關閉瀏覽器的 JavaScript 的原因）。

部分是因為難以讓所有瀏覽器製造商統一標準，用戶端語言較伺服器端語言少很多。這對擷取網站是好事：要處理的語言越少越好。

大部分情況下只會遇到兩種語言：ActionScript（用於 Flash 應用程式）與 JavaScript。ActionScript 如今較 10 年前更少遇到，通常用於多媒體檔案、線上遊戲、或沒有人會看的首頁介紹。由於沒什麼擷取 Flash 網頁的需求，這一章只會專注於常見的用戶端語言：JavaScript。

JavaScript 是網路上最常見與支援最好的用戶端腳本語言。它可用於搜集資訊、提交表單、嵌入多媒體、執行線上遊戲。看起來很簡單的網頁也經常帶有多段 JavaScript。你可以從原始碼 `script` 標籤間看到它：

```
<script>
    alert("This creates a pop-up using JavaScript");
</script>
```

JavaScript 簡介

知道程式做什麼對擷取有幫助。熟悉 JavaScript 是個好主意。

JavaScript 是弱型別語言，語法經常與 C++ 和 Java 作比較。雖然運算子、迴圈、陣列等語法元素很像，但弱型別與腳本的本質讓這個語言對某些人來說很困難處理。

舉例來說，下列程式進行費氏級數遞迴計算並輸出到瀏覽器的開發者控制台：

```
<script>
function fibonacci(a, b){
    var nextNum = a + b;
    console.log(nextNum+" is in the Fibonacci sequence");
    if(nextNum < 100){
        fibonacci(b, nextNum);
    }
}
fibonacci(1, 1);
</script>
```

請注意，所有變數前面都有 `var`。這與 PHP 的 `$` 符號或 Java 與 C++ 的型別宣告（`int`、`String`、`List` 等）很像。Python 沒有這種變數宣告。

JavaScript 能將函式當做變數傳遞：

```
<script>
var fibonacci = function() {
    var a = 1;
    var b = 1;
    return function () {
        var temp = b;
        b = a + b;
        a = temp;
        return b;
    }
}
var fibInstance = fibonacci();
console.log(fibInstance()+" is in the Fibonacci sequence");
console.log(fibInstance()+" is in the Fibonacci sequence");
console.log(fibInstance()+" is in the Fibonacci sequence");
</script>
```

乍看之下有點怪，但將它視為 lambda 表示式就好（見第 2 章）。`fibonacci` 變數定義為函式。函式回傳值是越來越大的費氏級數。每次呼叫就回傳費氏級數函式，再次執行且值增加。

雖然看起來很複雜，但費氏級數等計算問題傾向這種模式。將函式作為變數傳遞在處理使用者互動與回呼時很有用，最好要熟悉這種程式設計方式。

常見 JavaScript 函式庫

雖然 JavaScript 語言核心很重要，但如今的網路更需要第三方函式庫。檢視網頁原始檔就會看到這些常用函式庫。

使用 Python 執行 JavaScript 非常花時間且耗處理能力，特別是大程式。知道如何處理 JavaScript 並直接解析（無需執行）會非常方便。

jQuery

jQuery 是很常見的函式庫，70% 的大網站與 30% 的小網站都用它[1]。使用 jQuery 的網站在程式中會匯入 jQuery：

```
<script src="http://ajax.googleapis.com/ajax/libs/jquery/1.9.1/jquery.min.js"></
 script>
```

擷取使用 jQuery 的網站要小心。jQuery 會在 JavaScript 執行後動態的建構 HTML 內容。若以傳統方式擷取網頁內容，你可能只會讀取到 JavaScript 還沒有建構內容前的網頁（更多資訊見 "Ajax 與動態 HTML" 一節）。

此外，這些網頁很有可能帶有不好擷取的動畫、互動內容、嵌入媒體。

Google Analytics

50% 的網站使用 Google Analytics[2]，它或許是最常見的 JavaScript 函式庫與最受歡迎的使用者追蹤工具。*http://pythonscraping.com* 與 *http://www.oreilly.com/* 都有使用 Google Analytics。

判斷網頁是否使用 Google Analytics 很簡單。它有個類似下列的 JavaScript（摘自 O'Reilly Media 網站）：

```
<!-- Google Analytics -->
<script type="text/javascript">

var _gaq = _gaq || [];
_gaq.push(['_setAccount', 'UA-4591498-1']);
_gaq.push(['_setDomainName', 'oreilly.com']);
```

1 詳細資訊見 Dave Methvin 的部落格 "*http://bit.ly/2pry8aU/*"。

2 W3Techs，"Usage Statistics and Market Share of Google Analytics for Websites"（*http://w3techs.com/technologies/details/ta-googleanalytics/all/all*）。

```
_gaq.push(['_addIgnoredRef', 'oreilly.com']);
_gaq.push(['_setSiteSpeedSampleRate', 50]);
_gaq.push(['_trackPageview']);

(function() { var ga = document.createElement('script'); ga.type =
'text/javascript'; ga.async = true; ga.src = ('https:' ==
document.location.protocol ? 'https://ssl' : 'http://www') +
'.google-analytics.com/ga.js'; var s =
document.getElementsByTagName('script')[0];
s.parentNode.insertBefore(ga, s); })();

</script>
```

這個腳本處理 Google Analytics 處理追蹤記錄的 cookie。它有時候會造成執行 JavaScript 與處理 cookie 的網站擷取程序的問題（例如 Selenium，稍後討論）。

若網站使用 Google Analytics 或類似的系統且你不想讓網站知道被爬，要拋棄所有分析用或全部的 cookie。

Google Maps

若使用過網際網路，你一定看過嵌入 Google Maps 的網站。它的 API 非常容易讓網站嵌入帶有特定資訊的地圖。

若要擷取位置資料，知道 *Google Maps* 如何運作會很容易擷取經緯度座標與地址。在 Google Maps 上標示位置最常見的做法是透過 marker（又稱為 *pin*）。

marker 可使用下列程式碼插入 Google Maps：

```
var marker = new google.maps.Marker({
      position: new google.maps.LatLng(-25.363882,131.044922),
      map: map,
      title: 'Some marker text'
  });
```

Python 很容易擷取 `google.maps.LatLng(` 與 `)` 之間的經緯度座標。

使用 Google 的 Reverse Geocoding API（*https://developers.google.com/maps/documentation/javascript/examples/geocoding-reverse*），你可以解析座標與地址以供儲存與分析。

Ajax 與動態 HTML

前面的只討論發送某種 HTTP 請求給網頁伺服器。若能提交表單或從伺服器取得資訊而沒有重新載入網頁，該網站有可能使用 Ajax。

Ajax 並非是一種語言而是一組完成特定任務的技術（很像是網站擷取）。*Ajax* 代表 *Asynchronous JavaScript and XML*，用於發送資訊給網頁伺服器並在沒有另一個網頁請求下取得資訊。

不要說“某個網站是用 Ajax 寫的”，正確的說法是“此表單使用 Ajax 與網頁伺服器溝通”。

如同 Ajax，**動態 HTML**（DHTML）是一組技術。DHTML 是 HTML 程式、CSS 語言、或兩者在用戶端腳本上改變網頁的 HTML 元素。按鈕在使用者移動滑鼠時出現、點擊後改變背景顏色、或觸發 Ajax 請求新的內容。

請注意，“動態”不一定是“移動”或“改變”，會移動的圖片、影片不一定就是 DHTML 網頁。有些看起來靜態的網頁有 DHTML 在背後運行，以 JavaScript 操作 HTML 與 CSS。

若擷取的網站夠多，你早晚會遇到瀏覽器看到的內容與擷取的內容不同的狀況。你看著擷取的內容確找不到哪裡有瀏覽器上看到的內容。

網頁還可能將你重新導向其他網頁但 URL 確不變。

這些現象都是因為你的擷取程序沒有執行讓內容改變的 JavaScript。沒有這些 JavaScript，HTML 不會動，所以網站看起來與執行 JavaScript 的瀏覽器看到的不一樣。

網站使用 Ajax 或 DHTML 改變內容的方式有很多種，但這種狀況只有兩種解決方法：直接從 JavaScript 擷取內容；或使用 Python 可以執行 JavaScript 的套件如同從瀏覽器檢視一樣的抓資料。

在 Python 中使用 Selenium 執行 JavaScript

Selenium（*http://www.seleniumhq.org/*）是本來用於網站測試的網站擷取工具。它還被用於精確的描繪網站——如同從瀏覽器檢視。Selenium 用瀏覽器自動化載入網站，擷取必要的資料、甚至擷取畫面或執行動作。

Selenium 自己沒有瀏覽器；需要與第三方的瀏覽器整合。舉例來說，若使用 Firefox 與 Selenium，你會看到螢幕上啟動 Firefox、到指定網站、執行程式指定的動作。雖然可以觀賞，但我偏好讓腳本在背景執行，因此我使用稱為 PhantomJS（*http://phantomjs.org/*）的工具。

PhantomJS 又稱為**無頭瀏覽器**。它將網站載入記憶體並執行網頁上的 JavaScript 但不顯示給使用者。結合 Selenium 與 PhantomJS 可讓網站擷取程序輕鬆處理 cookie、JavaScript、標頭與其他東西。

你可以從 Selenium 函式庫的網站下載（*https://pypi.python.org/pypi/selenium*）或使用 pip 等工具安裝。

PhantomJS 可從它的網站下載（*http://phantomjs.org/download.html*）。由於 PhantomJS 是完整（雖然無頭）的瀏覽器而非 Python 函式庫，但需要下載與安裝且不能使用 pip 安裝。

雖然很多網站使用 Ajax 載入資料（特別是 Google），我在 *http://pythonscraping.com/pages/javascript/ajaxDemo.html* 建構了一個範例供擷取程序執行。此頁帶有一些直接寫在 HTML 上的樣本文字，兩秒後會被 Ajax 產生的內容取代。若以傳統方式擷取此頁，你只會抓到載入頁而非你想要的資料。

Selenium 函式庫是對 WebDriver 呼叫的 API。WebDriver 像是瀏覽器，能以 `BeautifulSoup` 物件的方式找出網頁元素與元素互動（發送文字、點擊等），以及執行其他動作。

下面的程式讀取測試頁“隱藏”在 Ajax 後的文字：

```
from selenium import webdriver
import time

driver = webdriver.PhantomJS(executable_path='<PhantomJS Path Here>')
driver.get('http://pythonscraping.com/pages/javascript/ajaxDemo.html')
time.sleep(3)
print(driver.find_element_by_id('content').text)
driver.close()
```

Selenium 的 selector

之前的章節使用 BeautifulSoup 的 find 與 find_all 等 selector 選取網頁元素。Selenium 使用另一組名稱也很直截了當的 selector 搜尋 WebDriver 的 DOM。

此例使用 find_element_by_id 這個 selector，但下列其他 selector 也可行：

```
driver.find_element_by_css_selector('#content')
driver.find_element_by_tag_name('div')
```

當然，若要選取多個元素，這些 selector 也可以用 elements（複數形式）回傳 Python 的元素清單：

```
driver.find_elements_by_css_selector('#content')
driver.find_elements_by_css_selector('div')
```

若還是要用 BeautifulSoup 解析內容，你可以使用 WebDriver 的 page_source 函式回傳網頁原始碼字串：

```
pageSource = driver.page_source
bs = BeautifulSoup(pageSource, 'html.parser')
print(bs.find(id='content').get_text())
```

它會使用 *PhantomJS* 函式庫建構新的 Selenium WebDriver，讓 WebDriver 載入網頁然後等待三秒並讀取內容（應該已經更新）。

視 PhantomJS 的安裝位置，你可能在建構 PhantomJS WebDriver 時需要明確的指定路徑：

```
driver = webdriver.PhantomJS(executable_path='path/to/driver/'\
                             'phantomjs-1.9.8-macosx/bin/phantomjs')
```

若設定正確，此腳本應該會用幾秒執行並產生下列文字：

```
Here is some important text you want to retrieve!
A button to click!
```

請注意，網頁本身有個 HTML 按鈕，Selenium 的 .text 函式會以讀取其他內容相同的方式讀取按鈕的文字值。

若 time.sleep 改為一秒，回傳的是原始文字：

```
This is some content that will appear on the page while it's loading
 You don't care about scraping this.
```

雖然這個方案可行，但沒效率，大量應用時會有問題。網頁載入時間視伺服器負載與連線速度等因素而會不一致。雖然載入應該只需要兩秒，但還是要等三秒才能確保載入完成。更有效率的方式是重複檢查特定元素並只在它出現時回傳。

下列程式檢查 ID 為 loadedButton 的按鈕判斷網頁是否已經完整載入：

```
from selenium import webdriver
from selenium.webdriver.common.by import By
from selenium.webdriver.support.ui import WebDriverWait
from selenium.webdriver.support import expected_conditions as EC

driver = webdriver.PhantomJS(executable_path='')
driver.get('http://pythonscraping.com/pages/javascript/ajaxDemo.html')
try:
    element = WebDriverWait(driver, 10).until(
                    EC.presence_of_element_located((By.ID, 'loadedButton')))
finally:
    print(driver.find_element_by_id('content').text)
    driver.close()
```

此腳本有幾個新的匯入，最值得注意的是 WebDriverWait 與 expected_conditions，兩者組合成 Selenium 所謂的**隱含等待**。

隱含等待與明確等待差別在於它等待 DOM 的特定狀態而明確等待則等待固定時間，例如前一個例子的三秒鐘。在隱含等待中，DOM 狀態由 expected_condition 定義（請注意，該匯入轉換成 EC，是常見的縮寫慣例）。Selenium 函式庫的預期條件有很多種，包括：

- 跳出警告框
- 元素進入被**選取**狀態（例如文字框）
- 網頁標題改變或在網頁元素上顯示文字
- 元素在 DOM 中變成可見或消失

大部分預期條件需要指定元素。元素使用 locator 指定。請注意，locator 與 selector 不一樣（見"Selenium 的 selector"一節）。locator 是抽象查詢語言，使用 By 物件，它有各種使用方式，包括製作 selector。

下面程式中的 locator 找出 ID 為 loadedButton 的元素：

```
EC.presence_of_element_located((By.ID, 'loadedButton'))
```

locator 可用於建構 selector，使用 WebDriver 的 find_element：

```
print(driver.find_element(By.ID, 'content').text)
```

它在功能上與這一行程式相同：

```
print(driver.find_element_by_id('content').text)
```

若沒有必要使用 locator 就不要用；這樣可以不必匯入。但這個工具可用於各種場合且彈性很大。

下面的 locator 選取策略可用於 By 物件：

ID

此範例有使用；以 HTML 的 id 屬性尋找元素。

CLASS_NAME

以 HTML 的 class 屬性尋找元素。為何不是 CLASS 而用 CLASS_NAME 呢？ object.CLASS 形式會對 Selenium 的 Java 函式庫產生問題，因為 .class 是保留方法。為保持 Selenium 在不同語言間語法的一致，因此使用 CLASS_NAME。

CSS_SELECTOR

以 #idName、.className、tagName 搜尋元素的 class、id、tag。

LINK_TEXT

以文字尋找 HTML 的 <a> 標籤。舉例來說，標示為 "Next" 的連結可使用 (By.LINK_TEXT, "Next") 選取。

PARTIAL_LINK_TEXT

類似 LINK_TEXT，但搜尋部分字串。

NAME

以 name 屬性尋找 HTML 標籤。對 HTML 的表單很方便。

TAG_NAME

以標籤名稱尋找 HTML 標籤。

XPATH

使用 XPath 表示式（下面有說明）選取符合的元素。

XPath 語法

XPath（*XML Path* 的縮寫）是在 XML 文件中選取的查詢語言，由 W3C 於 1999 年創造，偶爾在 Python、Java、C# 中用於處理 XML 文件。

雖然 BeautifulSoup 不支援 XPath，但 Scrapy 與 Selenium 等函式庫有支援。它的使用方式與 CSS 的 selector 相同（例如 `mytag#idname`），但用於 XML 文件而非針對 HTML。

XPath 語法有四個主要概念：

- **根節點與非根節點**

  —`/div` 只會選取文件根下的 `div` 節點

  —`//div` 選取所有 `div`

- **屬性選取**

  —`//@href` 選取有 `href` 屬性的所有節點

  —`//a[@href='http://google.com']` 選取指向 Google 的所有連結

- **以位置選取節點**

  —`//a[3]` 選取文件的第三個連結

  —`//table[last()]` 選取文件最後一個表格

  —`//a[position() < 3]` 選取文件前三個連結

- **星號（*）選取字元或節點，可用於各種情況**

  —`//table/tr/*` 選取所有表格下 `tr` 標籤的子節點（使用 `th` 與 `td` 標籤選取儲存格）

  —`//div[@*]` 選取有任何屬性的 `div` 標籤

XPath 語法還有其他功能。過去幾年間它發展成相對複雜的查詢語言，具有布林邏輯、函式（例如 `position()`）與各種運算子。

若有 HTML 或 XML 選取問題無法以上面的函式處理，見 Microsoft 的 XPath 語法頁（*https://msdn.microsoft.com/en-us/enus/library/ms256471*）。

其他 Selenium WebDriver

前面的選取中，Selenium 使用 PhantomJS。大部分情況下不需要在螢幕上顯示瀏覽器，因此 PhantomJS 等無頭程式很方便。但使用其他瀏覽器也不錯：

- 除錯。若程式在 PhantomJS 中失敗，沒看到網頁可能難以診斷。你也可以暫停執行並與網頁互動。
- 測試需要針對特定瀏覽器進行。
- 網站或腳本對不同瀏覽器有不同的行為。你的程式可能就是不能在 PhantomJS 中執行。

許多組織參與 Selenium 不同瀏覽器的開發，見 *http://www.seleniumhq.org/download/*。

```
firefox_driver = webdriver.Firefox('<path to Firefox webdriver>')
chrome_driver = webdriver.Chrome('<path to Chrome webdriver>')
safari_driver = webdriver.Safari('<path to Safari webdriver>')
ie_driver = webdriver.Ie('<path to Internet Explorer webdriver>')
```

處理重新導向

用戶端重新導向由瀏覽器的 JavaScript 而非伺服器在傳送網頁前執行。有時判斷網頁是否造訪過會有些麻煩。重新導向可能發生得很快，使你沒有注意到並以為是伺服器端重新導向。

但擷取網站時差別很明顯。伺服器端重新導向可由 Python 的 `urllib` 函式庫處理而無需 Selenium 的幫忙（更多資訊見第 3 章）。用戶端重新導向需要執行 JavaScript。

Selenium 能夠處理這些 JavaScript 重新導向；但主要的問題是何時停止執行——也就是判斷網頁完成重新導向。*http://pythonscraping.com/pages/javascript/redirectDemo1.html* 有暫停兩秒的重新導向範例。

你可以“觀察”網頁載入後 DOM 中的元素並重複呼叫該元素直到 Selenium 拋出 `StaleElementReferenceException`；此時該元素不再存在於網頁的 DOM 中，且已經重新導向：

```
from selenium import webdriver
import time
from selenium.webdriver.remote.webelement import WebElement
from selenium.common.exceptions import StaleElementReferenceException
```

```
def waitForLoad(driver):
    elem = driver.find_element_by_tag_name("html")
    count = 0
    while True:
        count += 1
        if count > 20:
            print('Timing out after 10 seconds and returning')
            return
        time.sleep(.5)
        try:
            elem == driver.find_element_by_tag_name('html')
        except StaleElementReferenceException:
            return

driver = webdriver.PhantomJS(executable_path='<Path to Phantom JS>')
driver.get('http://pythonscraping.com/pages/javascript/redirectDemo1.html')
waitForLoad(driver)
print(driver.page_source)
```

此腳本半秒檢查網頁一次，加上 10 秒的暫停，但時間可視需要調整。

此外，你可以用迴圈檢查目前的 URL 直到改變或符合你指定的 URL。

等待元素出現或消失是 Selenium 常見的工作，你也可以使用前面載入按鈕範例的 `WebDriverWait` 函式。下面的程式使用 15 秒的暫停與 XPath 找尋網頁內容的 selector 達成相同的任務：

```
from selenium.webdriver.common.by import By
from selenium.webdriver.support.ui import WebDriverWait
from selenium.webdriver.support import expected_conditions as EC
from selenium.common.exceptions import TimeoutException

driver = webdriver.PhantomJS(executable_path=
    'drivers/phantomjs/phantomjs-2.1.1-macosx/bin/phantomjs')
driver.get('http://pythonscraping.com/pages/javascript/redirectDemo1.html')
try:
    bodyElement = WebDriverWait(driver, 15).until(EC.presence_of_element_located(
        (By.XPATH, '//body[contains(text(),
        "This is the page you are looking for!)]")))
    print(bodyElement.text)
except TimeoutException:
    print('Did not find the element')
```

JavaScript 注意事項

大部分網站使用 JavaScript[3]。幸好使用 JavaScript 通常不影響擷取網站。JavaScript 通常用於追蹤工具、控制一部分網站、或控制選單。若它影響網站的擷取，JavaScript 可用 Selenium 等工具執行以產生容易擷取的 HTML 網頁。

要記得：網站使用 JavaScript 並不表示傳統擷取方法就不行了。JavaScript 的目的是產生瀏覽器可以繪製的 HTML 與 CSS 或透過 HTTP 的請求回應與伺服器動態溝通。使用 Selenium 後，HTML 與 CSS 可以讀取並解析，而 HTTP 請求回應可如同前面的章節一般的處理，甚至無需動用 Selenium。

此外，JavaScript 甚至可以幫助網站擷取，因為它作為"瀏覽器端內容管理系統"會顯露出 API，讓你直接的取得資料。更多資訊見第 12 章。

若處理 JavaScript 還是有問題，第 14 章有 Selenium 以及直接與拖曳界面等網站互動的資訊。

3 W3Techs, "Usage of JavaScript for Websites" (*http://w3techs.com/technologies/details/cp-javascript/all/all*)

第十二章

透過 API 爬行

JavaScript 一向是網站爬行程序的阻礙。過去有過一段時間，對網頁伺服器的請求一定會與瀏覽器看到的一樣。

隨著 JavaScript 與 Ajax 普及，這種狀況變得罕見。第 11 章討論使用 Selenium 取得資料。這是簡單的做法。它幾乎隨時可行。

問題是有個 Selenium 這麼好的“錘”，所有網站擷取問題看起來都像是釘。

這一章完全略過 JavaScript（無需載入執行！）並直接從資料源抓：產生資料的 API。

API 簡介

雖然有很多書討論 REST、GraphQL、JSON 與 XML 的 API，其核心概念很簡單。API 定義軟體間的標準語法。

這一節討論網頁 API（針對網頁伺服器與瀏覽器溝通的 API），但一般所謂的 API 不限於“跨網際網路”或網頁技術而已。

網頁 API 通常用於眾所周知且有文件的公開服務。舉例來說，ESPN 有個體育資訊 API（*http://www.espn.com/apis/devcenter/docs/*）。Google 有很多給開發者的 API（*https://console.developers.google.com*）。

這些 API 的文件說明請求的 URL **端點**與放在 URL 或 `GET` 的參數。

舉例來說，下面的路徑有個 pathparam 參數：

```
http://example.com/the-api-route/pathparam
```

而下面的 param1 參數值為 pathparam：

```
http://example.com/the-api-route?param1=pathparam
```

兩種都是常見的 API 傳遞變數資料方式，對變數應該以路徑或參數傳遞有非常多的爭論。

API 通常以 JSON 或 XML 格式回傳。JSON 現在比 XML 常見，但還是有機會看到 XML。許多 API 能改變回傳類型，通常是以參數指定你要的格式。

下面是 API 回傳 JSON 格式的例子：

```
{"user":{"id": 123, "name": "Ryan Mitchell", "city": "Boston"}}
```

下面是 API 回傳 XML 格式的例子：

```
<user><id>123</id><name>Ryan Mitchell</name><city>Boston</city></user>
```

FreeGeoIP（*http://freegeoip.net*）有個簡單的 API 可以轉換 IP 位址成實踐地址，你可以在瀏覽器上測試 API 的請求：[1]

http://freegeoip.net/json/50.78.253.58

它的回應如下：

```
{"ip":"50.78.253.58","country_code":"US","country_name":"United States",
  "region_code":"MA","region_name":"Massachusetts","city":"Boston",
  "zip_code":"02116","time_zone":"America/New_York","latitude":42.3496,
  "longitude":-71.0746,"metro_code":506}
```

請注意，此請求路徑有個 json 參數。你可以改變參數以請求 XML 或 CSV 回應：

```
http://freegeoip.net/xml/50.78.253.58
http://freegeoip.net/csv/50.78.253.58
```

1 此 API 將 IP 位址解析成地理位置，後面會用到。

HTTP 方法與 API

前面看過了 API 以 GET 向伺服器請求資訊。透過 HTTP 向網頁伺服器請求資訊的方式（或**方法**）主要有四種：

- GET
- POST
- PUT
- DELETE

技術上不只四種（例如 HEAD、OPTIONS、CONNECT），但較少用於 API 且應該不會遇到。大部分的 API 只使用這四種或更少的方法。通常 API 只使用 GET，或 GET 與 POST。

GET 是以瀏覽器的位址列造訪網站時用的方法。GET 是呼叫 *http://freegeoip.net/json/50.78.253.58* 時用的方法。你可以將 GET 當做是："嘿，伺服器，請給我這個資訊"。

GET 請求顧名思義不改變伺服器資料庫的資訊。沒有儲存什麼；沒有修改什麼。唯讀而已。

POST 是提交資訊給伺服器時使用的方法。登入網站時發出的是 POST 請求加上使用者名稱與（可能）加密過的密碼。以 API 發出 POST 請求的意思是："請儲存此資訊到資料庫"。

PUT 常用於與網站互動，偶爾用於 API。PUT 請求用於更新物件或資訊。舉例來說，一個 API 可能用 POST 建構新使用者，但需要以 PUT 更新使用者的郵件地址。[2]

DELETE 顧名思義用於刪除物件。舉例來說，若向 *http://myapi.com/user/23* 發出 DELETE 請求，，它可能會刪除 ID 為 23 的使用者。DELETE 很少用於 API，它主要用於傳播資訊或張貼資訊而非讓使用者刪除資訊。

不像 GET 在 URL 中傳送資訊，POST、PUT、DELETE 能在請求內容中傳送資訊。

如同網頁伺服器的回應，請求內容中的資料通常也是 API 語法定義的 JSON 或 XML 格式的資料。舉例來說，若使用 API 發文，你可能會發出 PUT 請求給：

```
http://example.com/comments?post=123
```

2 實際上，許多 API 使用 POST 與 PUT 請求更新資訊。無論是建構新實體還是更新舊實體，都視 API 請求本身的結構而定。但是，了解它們之間的差異仍然很有用，而且經常會在常用的 API 中遇到 PUT 請求。

加上下面的請求內容：

```
{"title": "Great post about APIs!", "body": "Very informative. Really helped me
out with a tricky technical challenge I was facing. Thanks for taking the time
to write such a detailed blog post about PUT requests!", "author": {"name": "Ryan
Mitchell", "website": "http://pythonscraping.com", "company": "O'Reilly Media"}}
```

請注意，發文 ID（123）放在 URL 中當做參數，而發文內容放在請求內容中傳送。參數放在哪裡依 API 語法而定。

API 的回應

如前面的 FreeGeoIP 範例所示，API 的功能之一是良好格式的回應。最常見的回應格式是 *eXtensible Markup Language*（XML）與 *JavaScript Object Notation*（JSON）。

最近 JSON 較 XML 更常見。原因其一是 JSON 檔案較 XML 檔案小。舉例來說，下面的 XML 資料有 98 個字元：

```
<user><firstname>Ryan</firstname><lastname>Mitchell</lastname><username>Kludgist
</username></user>
```

下面是 JSON 格式的相同資料：

```
{"user":{"firstname":"Ryan","lastname":"Mitchell","username":"Kludgist"}}
```

它只有 73 個字元，較相同的 XML 小 36%。

當然，XML 的格式也可以是這樣：

```
<user firstname="ryan" lastname="mitchell" username="Kludgist"></user>
```

但這被認為是不好的格式，因為它不支援深度套疊的資料。就算這樣也是 71 個字元，與 JSON 差不多。

另一個 JSON 比 XML 更受歡迎的原因是網路技術的變化。過去 PHP 或 .NET 等伺服器端腳本常作為 API 的端點。現在較多是 Angular 或 Backbone 等框架收發 API 呼叫。伺服器端技術通常與資料格式無關，但 Backbone 等 JavaScript 函式庫處理 JSON 較方便。

雖然 XML 或 JSON 很常見，但還是有其他可能。API 的回應類型視開發者的想象力而定。CSV 也是典型的回應（例如 FreeGeoIP）。有些 API 甚至產生檔案。有些伺服器會產生加文字的圖檔、XLSL、或 PDF 檔案。

有些 API 完全不回應。舉例來說，若向伺服器請求建立新的發文，它可能只以 HTTP 回應碼 200 表示“發文了；沒問題！”。有些可能只是這樣回應：

```
{"success": true}
```

若發生錯誤，你可能收到這樣的回應：

```
{"error": {"message": "Something super bad happened"}}
```

若 API 沒有寫好，你可能會收到不能解析的記錄或純文字。向 API 請求時，最好要先檢查是否確實為 JSON（或 XML、CSV 等你預期的格式）。

解析 JSON

這一章討論各種類型的 API 與運作方式並檢視這些 API 的 JSON 回應。接下來討論如何解析與使用此資訊。

這一章前面看過 *freegeoip.net* 的範例，它將 IP 位址解析為實際地址：

```
http://freegeoip.net/json/50.78.253.58
```

你可以用 Python 的 JSON 解析函式將回應資料解碼：

```
import json
from urllib.request import urlopen

def getCountry(ipAddress):
    response = urlopen('http://freegeoip.net/json/'+ipAddress).read()
        .decode('utf-8')
    responseJson = json.loads(response)
    return responseJson.get('country_code')

print(getCountry('50.78.253.58'))
```

它輸出 IP 位址 50.78.253.58 的國碼。

JSON 解析函式庫是 Python 的核心函式庫之一。只需要在上面輸入 `import json` 就好！不像其他語言可能將 JSON 解析成 JSON 物件或 JSON 節點，Python 更彈性的將 JSON 物件轉換成字典、JSON 陣列轉換為清單、JSON 字串轉換為字串等。這種方式非常容易存取與操作 JSON 中的值。

下面的程式展示 Python 的 JSON 函式庫如何處理 JSON 字串中的值：

```
import json

jsonString = '{"arrayOfNums":[{"number":0},{"number":1},{"number":2}],
               "arrayOfFruits":[{"fruit":"apple"},{"fruit":"banana"},
                                {"fruit":"pear"}]}'
jsonObj = json.loads(jsonString)

print(jsonObj.get('arrayOfNums'))
print(jsonObj.get('arrayOfNums')[1])
print(jsonObj.get('arrayOfNums')[1].get('number') +
      jsonObj.get('arrayOfNums')[2].get('number'))
print(jsonObj.get('arrayOfFruits')[2].get('fruit'))
```

以下是輸出：

```
[{'number': 0}, {'number': 1}, {'number': 2}]
{'number': 1}
3
pear
```

第一行是字典物件的清單，第二行是字典物件，第三行是整數（字典中整數的加總），第四行是字串。

沒有文件的 API

前面只討論有文件的 API。它們的開發者希望讓公眾使用，公開它的資訊並假設其他開發者會使用。但大部分 API 並未完全公開。

為什麼會建構不公開文件的 API ？如前述，跟 JavaScript 有關。

傳統上，動態網站的網頁伺服器在使用者請求網頁時有幾個任務：

- 處理 GET 請求
- 從資料庫讀取資料
- 將資料轉換成 HTML
- 發送 HTML 給使用者

隨著 JavaScript 框架普及，許多產生 HTML 的任務由伺服器轉移到瀏覽器上。伺服器發送 HTML 模板給使用者的瀏覽器，由另一個 Ajax 請求載入內容並放到 HTML 模板中。這些都發生在瀏覽器 / 用戶端。

這對網站擷取程序產生了問題。以前發出 HTML 網頁請求會得到 HTML 網頁與完整的內容。現在會得到沒有內容的 HTML 模板。

Selenium 用於解決這個問題。現在程式設計師的網站擷取程序變成瀏覽器，請求 HTML 模板、執行 JavaScript、載入資料、然後才擷取網頁資料。由於 HTML 都完成載入，它基本上簡化成前面解決過的問題——解析現有的 HTML。

但由於整個內容管理系統（以前只在伺服器端）基本上移到瀏覽器，連最簡單的網站都膨脹成大量內容與多個 HTTP 請求。

此外，使用 Selenium 時，使用者不關心的"多餘資料"也會被載入。呼叫追蹤程式、載入廣告、呼叫廣告的追蹤程式。圖像、CSS、第三方字形資料——全部都會載入。這在你使用瀏覽器逛網路時很棒，但網站擷取程序必須快速搜集特定資料且盡可能減少伺服器負載。你可能載入很多不需要的資料。

有個解決辦法：由於伺服器不再將資料轉換成 HTML，它們通常只是資料庫的簡單包裝。這些包裝只是將資料庫中的資料透過 API 傳送到網頁。

當然，這些 API 的本意只用於自己的網頁，因此開發者不會寫文件並假設（或希望）沒有人會注意。但它就在那裡。

舉例來說，*New York Times* 的網站（*http://nytimes.com*）透過 JSON 載入搜尋結果。造訪此連結：

```
https://query.nytimes.com/search/sitesearch/#/python
```

它會顯示"python"的搜尋結果。使用 urllib 或 Requests 函式庫解析此頁不會看到任何搜尋結果。它透過另一個 API 呼叫載入：

```
https://query.nytimes.com/svc/add/v1/sitesearch.json
?q=python&spotlight=true&facet=true
```

若想要用 Selenium 載入此頁，每個搜尋必須發出 100 個請求與下載 600-700kB 資料。直接使用 API 僅發出一個請求與 60kb 格式簡單的資料。

找出無文件 API

前面使用過 Chrome 的工具檢視 HTML 網頁的內容，但接下來的目的不同：檢視建構網頁的請求與回應。

開啟 Chrome 的 insepctor 視窗並點擊 Network 分頁，如圖 12-1 所示。

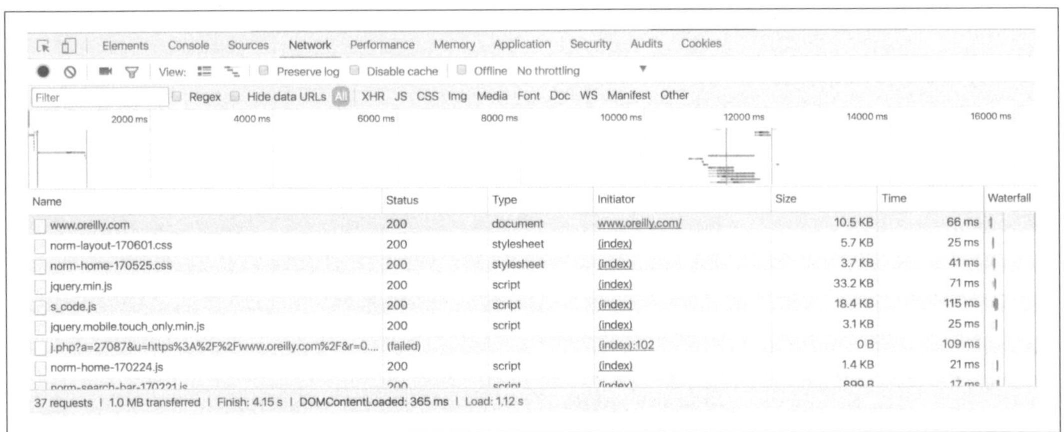

圖 12-1 Chrome 的網路檢視工具可看到瀏覽器發出的呼叫

請注意，你必須在網頁載入前開啟此視窗。它沒打開前不會記錄網路呼叫。

載入網頁時，你會即時看到瀏覽器為顯示網頁所發出的呼叫。它包括 API 呼叫。

找出無文件 API 像是調查工作（進行調查工作見“自動化尋找 API 與寫文件”一節），特別是大網站有很多網路呼叫。一般來說，你看到時就會知道。

網路呼叫中的 API 呼叫有些方便尋找的特徵：

- 通常具有 JSON 或 XML。你可以用 search/filter 欄過濾清單。
- `GET` 請求的 URL 會帶有參數值。舉例來說，若要尋找搜尋結果或載入資料的 API 呼叫，只需過濾你的搜尋關鍵字、網頁 ID、或其他資訊。
- 類型通常是 XHR。

API 不一定很明顯，特別是載入時有數百個呼叫的網頁。但熟能生巧。

無文件 API 的文件

找出發出呼叫的 API 後，寫一些文件通常很有用，特別是擷取程序依賴此呼叫時。你可能會想要載入該網站的多個網頁，從網路分頁過濾出目標 API 呼叫。這麼做可以看到各個網頁的呼叫並識別它接受與回傳的欄位。

每個 API 呼叫可依下列欄位識別與寫文件：

- HTTP 方法
- 輸入
  —路徑參數
  —標頭（包括 cookie）
  —內容（PUT 與 POST 呼叫）
- 輸出
  —回應標頭（包括 cookie）
  —回應內容型別
  —回應內容欄位

自動化尋找 API 與寫文件

寫 API 文件似乎很麻煩。因為它本來就很麻煩。有些網站刻意隱藏運作方式使得它更麻煩，而寫 API 文件大部分是重複的任務。

我在 *https://github.com/REMitchell/apiscraper* 有個程式庫可以解決基本任務。

它使用 Selenium、ChromeDriver 與 BrowserMob Proxy 載入網頁，爬網域內的網頁，分析載入網頁時的網路流量並將呼叫排列成可讀的 API 呼叫。

要執行此專案必須做一些修改。首先是軟體本身。

複製 apiscraper（*https://github.com/REMitchell/apiscraper*）這個專案，複製後的專案應該有下列檔案：

apicall.py

定義 API 呼叫的屬性（路徑、參數等）以及判斷兩個 API 呼叫是否相同的邏輯。

apiFinder.py

主要的爬行類別。由 *webservice.py* 與 *consoleservice.py* 啟動尋找 API 的程序。

browser.py

只有三個方法── `initialize`、`get`、`close` ──但功能結合 BrowserMob Proxy 伺服器與 Selenium。捲動網頁以確保整個網頁被載入，儲存 HTTP Archive（HAR）檔案供處理。

consoleservice.py

處理控制台命令並啟動 `APIFinder` 類別。

harParser.py

解析 HAR 檔案並擷取 API 呼叫。

html_template.html

在瀏覽器中顯示 API 的模板。

README.md

Git 的 readme 頁。

從 *https://bmp.lightbody.net/* 下載 BrowserMob Proxy 檔案並將解壓縮檔案放在 *apiscraper* 專案目錄下。

BrowserMob Proxy 目前的版本是 2.1.4，因此腳本假設檔案放在專案根目錄下的 *browsermob-proxy-2.1.4/bin/browsermob-proxy* 目錄下。若不一樣則要在執行中提示或修改 *apiFinder.py*。

下載 *ChromeDriver*（*https://sites.google.com/a/chromium.org/chromedriver/downloads*）並放在 apiscraper 專案目錄下。

你必須安裝下列 Python 函式庫：

- `tldextract`
- `selenium`
- `browsermob-proxy`

設定完成後可以開始搜集 API 呼叫。輸入：

```
$ python consoleservice.py -h
```

它會列出啟動選項：

```
usage: consoleservice.py [-h] [-u [U]] [-d [D]] [-s [S]] [-c [C]] [-i [I]]
                         [--p]

optional arguments:

  -h, --help  show this help message and exit

  -u [U]      Target URL. If not provided, target directory will be scanned
              for har files.

  -d [D]      Target directory (default is "hars"). If URL is provided,
              directory will store har files. If URL is not provided,
              directory will be scanned.

  -s [S]      Search term

  -c [C]      File containing JSON formatted cookies to set in driver (with
              target URL only)

  -i [I]      Count of pages to crawl (with target URL only)

  --p         Flag, remove unnecessary parameters (may dramatically increase
              runtime)
```

你可以找出搜尋單一關鍵字時所有發出的 API 呼叫。舉例來說你可以找出 *http://target.com* 的產品頁的產品資料 API：

```
$ python consoleservice.py -u https://www.target.com/p/rogue-one-a-star-wars-\
story-blu-ray-dvd-digital-3-disc/-/A-52030319 -s "Rogue One: A Star Wars Story"
```

它回傳產品資料 API 的資訊，包括 URL：

```
URL: https://redsky.target.com/v2/pdp/tcin/52030319
METHOD: GET
AVG RESPONSE SIZE: 34834
SEARCH TERM CONTEXT: c":"786936852318","product_description":{"title":
"Rogue One: A Star Wars Story (Blu-ray + DVD + Digital) 3 Disc",
"long_description":...
```

使用 `-i` 旗標從輸入的 URL 開始爬多個網頁（預設只有一個網頁）。它對特定關鍵字的所有網路流量很有用，或省略 `-s` 旗標來搜集載入每個網頁時的所有 API 流量。

所有搜集到的資料預設儲存在專案根目錄下 */har* 目錄下的 HAR 檔案，但目錄可用 `-d` 旗標更改。

若沒有輸入 URL，你也可以傳入要搜尋與分析的 HAR 檔案的目錄。

此專案還有其他功能：

- 刪除不必要的參數（刪除不影響 API 呼叫回傳值的 `GET` 或 `POST` 參數）
- 多種 API 輸出格式（命令列、HTML、JSON）
- 區分 API 路徑參數與僅作為同一個 API 路徑的 `GET` 參數

進一步的開發還在規劃中。

結合 API 與其他資料來源

雖然許多網路應用程式使用格式明顯的資料，但我覺得很無聊。若使用自己的 API 作為唯一的資料來源，最多也只是利用別人已經公佈的資料庫。更有趣的事情是結合多種資料來源或以嶄新方式利用 API 的資料。

讓我們看一個結合 API 資料與網站擷取資料以檢視哪一個國家對維基貢獻最多的例子。

若你常用維基，應該有看過文章的編輯歷史記錄。若使用者在編輯時有登入則會顯示使用者名稱。若沒有登入則如圖 12-2 顯示 IP 位址。

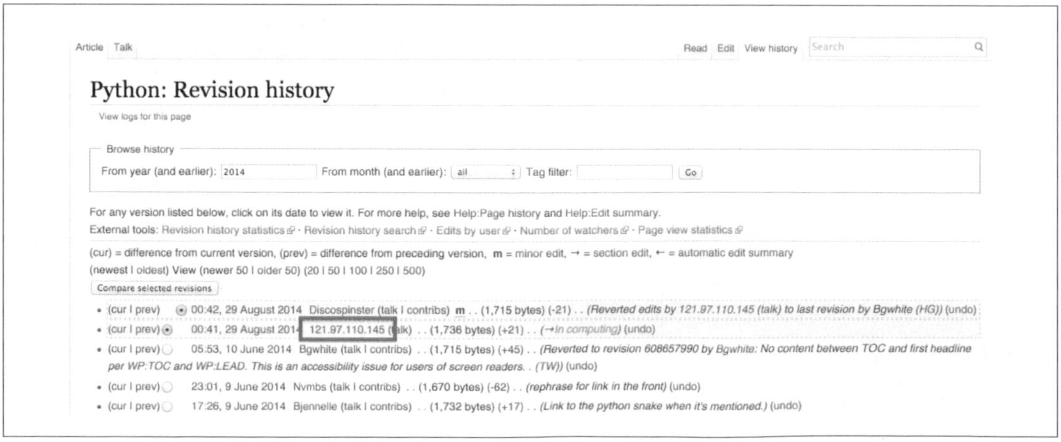

圖 12-2 匿名編輯維基的 Python 頁的記錄

歷史記錄上的 IP 位址是 121.97.110.145。使用 *freegeoip.net* 的 API 可知目前它來自菲律賓（IP 位址有時候會異動）。

這個資訊沒什麼價值，但若能搜集全部的編輯地理資料呢？幾年前我使用 Google 的 GeoChart 函式庫（*https://developers.google.com/chart/interactive/docs/gallery/geochart*）建構如圖 12-3 所示維基編輯來源的圖表（*http://www.pythonscraping.com/pages/wikipedia.html*）。

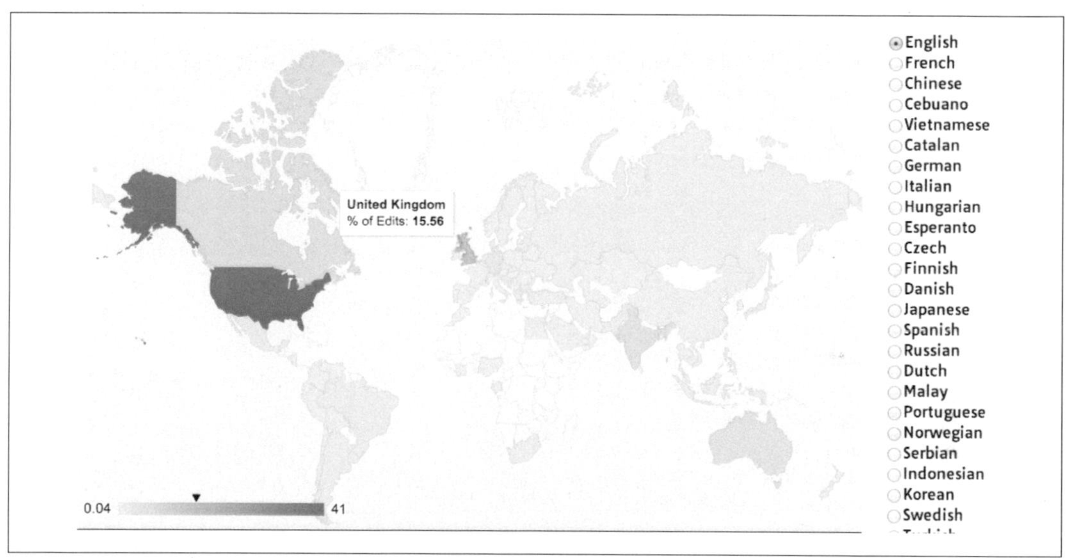

圖 12-3 使用 Google 的 GeoChart 函式庫顯示的維基編輯來源

建構爬維基、檢查編輯歷史、然後查詢 IP 位址的腳本並不難。下面的修改過的第 3 章的程式執行這個工作：

```
from urllib.request import urlopen
from bs4 import BeautifulSoup
import json
import datetime
import random
import re

random.seed(datetime.datetime.now())
def getLinks(articleUrl):
    html = urlopen('http://en.wikipedia.org{}'.format(articleUrl))
    bs = BeautifulSoup(html, 'html.parser')
    return bs.find('div', {'id':'bodyContent'}).findAll('a',
        href=re.compile('^(/wiki/)((?!:).)*$'))
```

```
def getHistoryIPs(pageUrl):
    # 編輯記錄頁的格式如下：
    # http://en.wikipedia.org/w/index.php?title=Title_in_URL&action=history
    pageUrl = pageUrl.replace('/wiki/', '')
    historyUrl = 'http://en.wikipedia.org/w/index.php?title={}&action=history'
        .format(pageUrl)
    print('history url is: {}'.format(historyUrl))
    html = urlopen(historyUrl)
    bs = BeautifulSoup(html, 'html.parser')
    # 且 class 為 "mw-anonuserlink" 的連結
    ipAddresses = bs.findAll('a', {'class':'mw-anonuserlink'})
    addressList = set()
    for ipAddress in ipAddresses:
        addressList.add(ipAddress.get_text())
    return addressList

links = getLinks('/wiki/Python_(programming_language)')

while(len(links) > 0):
    for link in links:
        print('-'*20)
        historyIPs = getHistoryIPs(link.attrs['href'])
        for historyIP in historyIPs:
            print(historyIP)

    newLink = links[random.randint(0, len(links)-1)].attrs['href']
    links = getLinks(newLink)
```

此程式使用兩個主要函式：getLinks（也用於第 3 章）與新的 getHistoryIPs（找出匿名 IP）並以集合回傳。

此程式也使用某種模糊（但適合此範例）的搜尋樣式以尋找要擷取編輯記錄的文章。它擷取起始頁（Python 程式設計語言）連結的所有文章的編輯記錄，然後隨機選擇起始頁並擷取編輯記錄。它會持續直到網頁沒有連結。

有了擷取 IP 位址字串的程式，你可以結合 getCountry 函式將 IP 解析成國家。你會將 getCountry 稍作修改以處理無效 IP 位址回傳的 404 Not Found 錯誤（目前 FreeGeoIP 無法解析 IPv6 並會導致錯誤）：

```
def getCountry(ipAddress):
    try:
        response = urlopen(
            'http://freegeoip.net/json/{}'.format(ipAddress)).read().decode('utf-8')
    except HTTPError:
        return None
    responseJson = json.loads(response)
    return responseJson.get('country_code')

links = getLinks('/wiki/Python_(programming_language)')

while(len(links) > 0):
    for link in links:
        print('-'*20)
        historyIPs = getHistoryIPs(link.attrs["href"])
        for historyIP in historyIPs:
            country = getCountry(historyIP)
            if country is not None:
                print('{} is from {}'.format(historyIP, country))

    newLink = links[random.randint(0, len(links)-1)].attrs['href']
    links = getLinks(newLink)
```

以下是輸出範例：

```
-------------------
history url is: http://en.wikipedia.org/w/index.php?title=Programming_
paradigm&action=history
68.183.108.13 is from US
86.155.0.186 is from GB
188.55.200.254 is from SA
108.221.18.208 is from US
141.117.232.168 is from CA
76.105.209.39 is from US
182.184.123.106 is from PK
212.219.47.52 is from GB
72.27.184.57 is from JM
49.147.183.43 is from PH
209.197.41.132 is from US
174.66.150.151 is from US
```

其他 API 資訊

這一章只討論了幾種網路 API 的使用方法。若要建構 API 而非只是使用，或需要更多理論，我建議 Leonard Richardson、Mike Amundsen、Sam Ruby 合著的《*RESTful Web APIs*》（歐萊禮）。這本書討論 API 理論與實務。此外，Mike Amundsen 的《*Designing APIs for the Web*》（*http://oreil.ly/1GOXNhE*）（歐萊禮）教你如何建構 API- 要公開你擷取的資料時很有用。

雖然有些人認為 JavaScript 與動態網頁使傳統的“爬與解析 HTML 網頁”失效，但我很喜歡新的做法。動態網站較少使用給人看的 HTML 而更多的使用格式良好的 JSON 檔案，如此反而更方便讀取資料。

網路不再是 HTML 網頁與一些多媒體和 CSS。它以各種格式的資料在瀏覽器上動態組成網頁。真正的做法是超越網頁並從來源擷取資料。

第十三章

影像處理與文字辨識

從 Google 的自駕車到辨識紙鈔的販賣機，機器視覺是個重要的領域。這一章討論其中一部分：文字辨識——使用各種 Python 函式庫辨識圖片上的文字。

圖片上的文字是不想讓機器人識別的一種技術。它經常用於電子郵件地址。做的好的圖片文字使人能輕鬆識別，但機器識別這些圖片有難度，因此足以阻止垃圾郵件業者獲取電子郵件地址。

CAPTCHA 就是利用這個原理。有些 CAPTCHA 比其他更困難，稍後會討論。

但不只是 CAPTCHA 讓擷取程序需要影像文字識別。網路上有許多掃描文件也需要影像文字辨識功能，否則只能依靠人工輸入——沒有人有這個時間。

將圖像轉換成文字稱為**光學字元辨識**（*OCR*，*optical character recognition*）。有些函式庫具有或支援 OCR 功能。這種函式庫相當複雜，因此建議嘗試前先讀完下一節。

函式庫概觀

Python 是影像處理、機器學習、創造圖像很好的語言。雖然有很多函式庫可處理圖像，但我們只討論其中兩個：*Pillow* 與 *Tesseract*。

結合兩者可處理網路圖片的 OCR。Pillow 清理與過濾圖像，而 Tesseract 嘗試匹配圖像上的形狀與資料庫中的已知文字。

這一章討論它們的安裝與使用範例。我們還會討論一些 Tesseract 進階訓練，使它能識別更多字形與語言（甚至是 CAPTCHA）。

Pillow

雖然 Pillow 不是功能最多的影像處理函式庫，但它的功能夠用——除非你想要用 Python 寫出 Photoshop，如果是的話你就看錯書了！ Pillow 也算是文件寫的不錯的第三方函式庫且容易使用。

Pillow 從 Python 2.x 的 Python Imaging Library（PIL）分支出來加上 Python 3.x 的支援。如同其前身，Pillow 能匯入影像並進行濾鏡、遮罩、像素轉換等處理：

```
from PIL import Image, ImageFilter

kitten = Image.open('kitten.jpg')
blurryKitten = kitten.filter(ImageFilter.GaussianBlur)
blurryKitten.save('kitten_blurred.jpg')
blurryKitten.show()
```

上面的範例以預設的圖片檢視程式開啟 *kitten.jpg* 並加上模糊處理後儲存到 *kitten_blurred.jpg*。

你會使用 Pillow 讓圖形更容易給機器處理，但如前述，此函式庫還有其他功能。更多資訊見 Pillow 的文件（*http://pillow.readthedocs.org/*）。

Tesseract

Tesseract 是 OCR 函式庫。一般認為由 Google（這是一家以 OCR 與機器學習著名的公司）贊助的 Tesseract 是最好的開源 OCR 系統。

除了精準外，它還很有彈性。它可以訓練辨識多種字形（只需字形相對一致，見後文）。它還可以擴充辨識任何 Unicode 字元。

這一章使用 *Tesseract* 的命令列程式與它的第三方 Python 包裝版本 *pytesseract*。本書以名稱明確區分兩者，因此“Tesseract”指命令列程式，“pytessearct”指第三方 Python 包裝版本。

安裝 Tesseract

Windows 上有安裝程序（*https://code.google.com/p/tesseract-ocr/downloads/list*）。目前的版本為 3.02，但新版應該也可以。

Linux 上可用 apt-get 安裝：

```
$ sudo apt-get tesseract-ocr
```

Mac 上的安裝比較複雜，但可如同第 6 章安裝 MySQL 一樣使用 Homebrew（*http://brew.sh/*）安裝。舉例來說，你可以安裝 Homebrew 後安裝 Tesseract：

```
$ ruby -e "$(curl -fsSL https://raw.githubusercontent.com/Homebrew/ \
          install/master/install)"
$ brew install tesseract
```

Tesseract 也可以從專案的下載頁（*https://code.google.com/p/tesseract-ocr/downloads/list*）以原始碼安裝。

要使用 Tesseract 的某些功能，例如訓練新字元，還需要設定環境變數 $TESSDATA_PREFIX 以指定資料檔案位置。

在 Linux 與 macOS 上設定環境變數：

```
$ export TESSDATA_PREFIX=/usr/local/share/
```

請注意，*/usr/local/share/* 是 Tesseract 的預設資料路徑，要檢查是否與你的安裝相同。

在 Windows 上設定環境變數：

```
# setx TESSDATA_PREFIX C:\Program Files\Tesseract OCR\
```

pytesseract

安裝 Tesseract 後可安裝 *pytesseract*，它使用 Tesseract 讀取圖檔並輸出 Python 腳本可以使用的字串與物件。

程式範例需要 *pytesseract 0.1.9*

請注意，*pytesseract* 的 0.1.8 與 0.1.9 版本有很大的不同（作者造成的）。這一節討論的功能只有 0.1.9 版有。執行範例時要確保安裝正確的版本。

你可以用 pip 安裝 pytesseract，後從 pytesseract 的專案頁（*https://pypi.python.org/pypi/pytesseract*）下載並執行：

```
$ python setup.py install
```

pytesseract 可結合 PIL 讀取圖片上的文字：

```
from PIL import Image
import pytesseract

print(pytesseract.image_to_string(Image.open('files/test.png')))
```

若 *Tesseract* 函式庫安裝在 Python 路徑，你可以加上這一行指定位置：

```
pytesseract.pytesseract.tesseract_cmd = '/path/to/tesseract'
```

pytesseract 除了回傳 OCR 結果外還有其他功能。它可以計算文字框（每個字元方塊的像素位置）：

```
print(pytesseract.image_to_boxes(Image.open('files/test.png')))
```

它也可以回傳完整的資料，例如信心分數、頁與行號、方框資料與其他資訊：

```
print(pytesseract.image_to_data(Image.open('files/test.png')))
```

預設輸出為空白或 tab 分隔的字串檔案，但也可以輸出成字典或位元組字串（若 UTF-8 編碼還不夠）：

```
from PIL import Image
import pytesseract
from pytesseract import Output

print(pytesseract.image_to_data(Image.open('files/test.png'),
    output_type=Output.DICT))
print(pytesseract.image_to_string(Image.open('files/test.png'),
    output_type=Output.BYTES))
```

這一章結合使用 *pytesseract* 函式庫與 Tesseract 命令列並以 `subprocess` 函式庫從 Python 啟動 Tesseract。雖然 pytesseract 函式庫很方便，但還是有無法呼叫的 Tesseract 功能，最好是能熟悉所有方法。

NumPy

雖然純 OCR 不需要 NumPy，但訓練 Tesseract 識別額外字元集或字形時需要。你也可以用它處理簡單的數學（像是加權平均）。

NumPy 處理線性代數與大規模數學應用。NumPy 可與 Tesseract 合作是因為它能以像素陣列處理圖形。

NumPy 可使用 pip 等程序安裝，或下載套件（*https://pypi.python.org/pypi/numpy*）並以 `$ python setup.py install` 安裝。

就算你不執行任何使用它的範例，我還是建議安裝它。它可取代 Python 內建的數學函式庫並具有許多功能，特別是操作數字。

一般將 NumPy 匯入為 `np` 並如下使用：

```
import numpy as np

numbers = [100, 102, 98, 97, 103]
print(np.std(numbers))
print(np.mean(numbers))
```

這個範例輸出標準差與平均值。

處理格式良好的文字

大部分文字相對乾淨與格式良好。格式良好的文字符合多種要求，但“好”與“壞”的差別很主觀。

一般來說，好格式的文字：

- 標準字形（排除手寫、變形、花樣）
- 影印或拍照清晰，沒有雜訊斑點
- 排列整齊
- 沒有超出圖片，也沒有被裁切

有些東西可以預先處理掉。舉例來說，圖片可轉換成灰階、加強對比亮度、旋轉。但有些情況需要更多的訓練，見“讀取 CAPTCHA 與訓練 Tesseract”一節。

圖 13-1 是格式良好文字的範例。

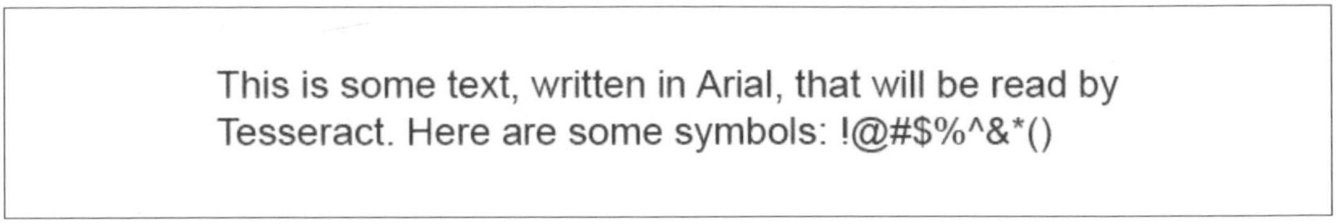

This is some text, written in Arial, that will be read by
Tesseract. Here are some symbols: !@#$%^&*()

圖 13-1 存成 .tiff 檔案的範例文字

你可以從命令列讓 Tesseract 讀取此檔案並輸出到文字檔案：

```
$ tesseract text.tif textoutput | cat textoutput.txt
```

輸出第一行是 *Tesseract* 函式庫的執行資訊，後面是輸出到 *textoutput.txt* 的內容：

```
Tesseract Open Source OCR Engine v3.02.02 with Leptonica
This is some text, written in Arial, that will be read by
Tesseract. Here are some symbols: !@#$%"& ‘()
```

你可以看到結果精準，但 ^ 與 * 兩個符號被判斷為雙引號與單引號。大致上還不錯。

把影像弄模糊、以 JPG 壓縮、加上背景漸層後結果比較差（見圖 13-2）。

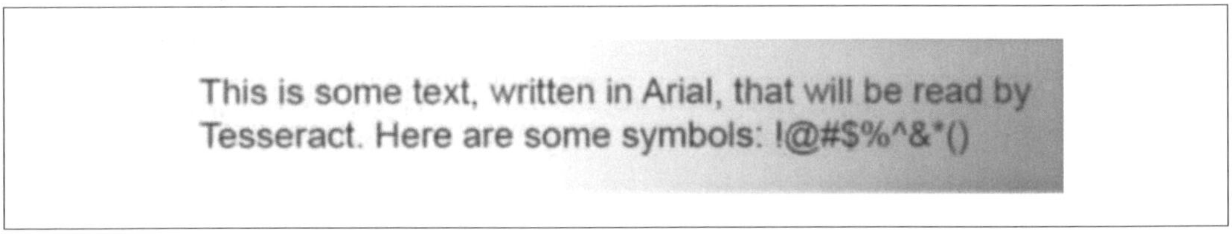

This is some text, written in Arial, that will be read by
Tesseract. Here are some symbols: !@#$%^&*()

圖 13-2 不幸的是網路上的許多文件更多是這種而非前一個例子

Tesseract 因背景漸層而無法好好的處理此圖片並產生下面的輸出：

```
This is some text, written In Arlal, that"
Tesseract. Here are some symbols: _
```

請注意，文字因背景漸層而難以辨識，每一行的後面都錯了。此外，JPG 雜訊與模糊使 Tesseract 無法區分小寫 i 與大寫 I 與數字 1。

此時要先使用 Python 腳本清理圖形。你可以使用 Pillow 函式庫的 threshold 濾鏡消除背景灰階、突顯文字、讓 Tesseract 清楚的讀取圖形。

此外，相較於從命令列使用 Tesseract，你可以使用 pytesseract 函式庫執行 Tesseract 命令並讀取產生的檔案：

```
from PIL import Image
import pytesseract

def cleanFile(filePath, newFilePath):
    image = Image.open(filePath)

    # 設定 threshold 值並儲存
    image = image.point(lambda x: 0 if x < 143 else 255)
    image.save(newFilePath)
    return image

image = cleanFile('files/textBad.png', 'files/textCleaned.png')

# 呼叫 Tesseract 對新產生的圖形執行 OCR
print(pytesseract.image_to_string(image))
```

儲存到 *textCleaned.png* 的圖形如圖 13-3 所示。

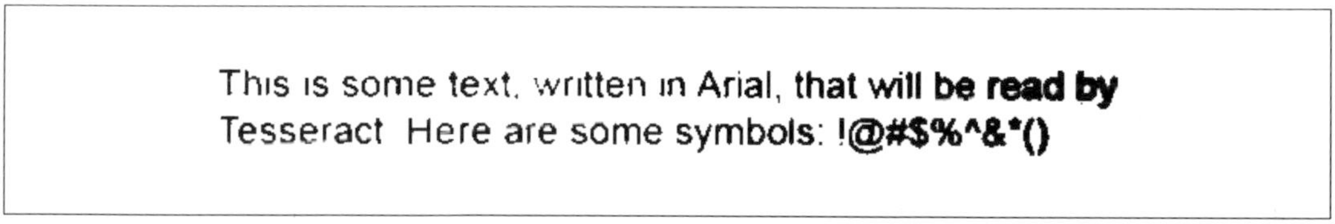

This is some text, written in Arial, that will be read by
Tesseract Here are some symbols: !@#$%^&*()

圖 13-3 經過 threshold 濾鏡處理過的圖形

除了一些小錯，文字基本可讀。Tesseract 盡力了：

```
This us some text ‘ written In Anal, that will be read by
Tesseract Here are some symbols: !@#$%"&'()
```

非常小的逗號與句號對我們或 Tesseract 來看近乎消失。“Arial” 很尷尬的誤解成 “Anal”，因為它將 ri 看成 n。

但還是比前一個版本砍掉一半文字好。

Tesseract 最大的弱點似乎是不同亮度的背景。Tesseract 的演算法會在讀取文字前嘗試調整對比，但或許使用 Pillow 函式庫等工具處理的效果比較好。

傾斜、有大片非文字區、或有其他問題的圖形在交給 Tesseract 前一定要解決。

自動調整圖形

前一個例子選擇 143 作為“理想”的 threshold 值以將所有像素調整為黑白使 Tesseract 能讀取圖形。但若有許多圖片，每個圖片的灰階程度都不同且無法個別手動調整呢？

一種最好（或相當好）的方法是讓 Tesseract 對不同調整值的圖形執行並以演算法選擇最佳結果，找出 Tesseract 可讀出最多字元或字串且“信心”最大的結果。

使用什麼演算法依應用而定，下面的範例迭代 threshold 值以找出“最佳”設定：

```
import pytesseract
from pytesseract import Output
from PIL import Image
import numpy as np

def cleanFile(filePath, threshold):
    image = Image.open(filePath)
    # 設定 threshold 值並儲存
    image = image.point(lambda x: 0 if x < threshold else 255)
    return image

def getConfidence(image):
    data = pytesseract.image_to_data(image, output_type=Output.DICT)
    text = data['text']
    confidences = []
    numChars = []

    for i in range(len(text)):
        if data['conf'][i] > -1:
            confidences.append(data['conf'][i])
            numChars.append(len(text[i]))

    return np.average(confidences, weights=numChars), sum(numChars)

filePath = 'files/textBad.png'

start = 80
step = 5
end = 200

for threshold in range(start, end, step):
    image = cleanFile(filePath, threshold)
    scores = getConfidence(image)
    print("threshold: " + str(threshold) + ", confidence: "
        + str(scores[0]) + " numChars " + str(scores[1]))
```

此腳本有兩個函式：

`cleanFile`

以原始“不好”的檔案與一個 threshold 值執行 PIL 的濾鏡工具。它處理該檔案並回傳 PIL 圖形物件。

`getConfidence`

輸入清理過的 PIL 圖形物件並以 Tesseract 處理。它計算每個辨識字串的信心（以字元數加權）以及辨識後的字元數。

調整 threshold 值並取得信心與字元數後得到以下的輸出：

```
threshold: 80, confidence: 61.8333333333 numChars 18
threshold: 85, confidence: 64.9130434783 numChars 23
threshold: 90, confidence: 62.2564102564 numChars 39
threshold: 95, confidence: 64.5135135135 numChars 37
threshold: 100, confidence: 60.7878787879 numChars 66
threshold: 105, confidence: 61.9078947368 numChars 76
threshold: 110, confidence: 64.6329113924 numChars 79
threshold: 115, confidence: 69.7397260274 numChars 73
threshold: 120, confidence: 72.9078947368 numChars 76
threshold: 125, confidence: 73.582278481 numChars 79
threshold: 130, confidence: 75.6708860759 numChars 79
threshold: 135, confidence: 76.8292682927 numChars 82
threshold: 140, confidence: 72.1686746988 numChars 83
threshold: 145, confidence: 75.5662650602 numChars 83
threshold: 150, confidence: 77.5443037975 numChars 79
threshold: 155, confidence: 79.1066666667 numChars 75
threshold: 160, confidence: 78.4666666667 numChars 75
threshold: 165, confidence: 80.1428571429 numChars 70
threshold: 170, confidence: 78.4285714286 numChars 70
threshold: 175, confidence: 76.3731343284 numChars 67
threshold: 180, confidence: 76.7575757576 numChars 66
threshold: 185, confidence: 79.4920634921 numChars 63
threshold: 190, confidence: 76.0793650794 numChars 63
threshold: 195, confidence: 70.6153846154 numChars 65
```

平均信心與字元數有很明顯的趨勢。峰值出現在 145，非常接近手動找出的“理想”值 143。

140 與 145 的 threshold 值產生最大辨識字元數（83），但 145 有最高的信心，因此你會採用該結果並回傳它辨識出的文字作為該圖形“最有可能”帶的文字。

當然，“最多” 字元不一定表示字元都是對的。在某些 threshold 值下，Tesseract 可能會將單一字元拆開成多個，或將雜訊視為文字。在這種情況下，你可能更需要依靠平均信心。

舉例來說，若（部分）結果如下：

```
threshold: 145, confidence: 75.5662650602 numChars 83
threshold: 150, confidence: 97.1234567890 numChars 82
```

不用想也知道要選信心高 20% 的結果，它只少一個字元，而 threshold 為 145 的結果就是不對，或錯誤拆開一個字元，或看到不存在的字元。

這個部分透過實驗完善 threshold 選擇演算法。舉例來說，你可能想要選擇信心與字元數的積最大的結果（此例中 145 的積為 6272，150 的積為 7964）或採用其他方法。

請注意，這種選擇演算法除了 `threshold` 外還可以使用 PIL 工具的其他值。還有，你還可以選擇兩個或更多的值並以類似方式選取最佳結果。

這種選擇演算法很明顯需要大量運算。PIL 與 Tesseract 對單一圖形執行多次，而若能事先知道 “最佳” 的 threshold 值，你就只需執行一次。

要記得隨著你開始處理圖形，你會注意到 “最佳” 值的模式。相較於嘗試 80 到 200，最後只需要嘗試 130 到 180。

你還可以採用另一種方式選擇 threshold，例如第一輪的間隔 20，然後在前面的 “最佳” 值中隨機降低間隔。這可能最適合處理多種變數。

擷取網站圖片上的文字

使用 Tesseract 讀取硬碟上的圖形的文字也許沒什麼了不起，但它是網站擷取的好工具。圖片可能會作為網站上的文字（例如餐廳網站的菜單照片），但有可能如後文用於隱藏文字。

雖然 Amazon 的 *robots.txt* 檔案依序爬產品頁，但機器人通常不會讀到書評。這是因為書評是透過 Ajax 腳本載入，而該圖形被隱藏在套疊的 div 中。對一般人來說，它看起來更像是 Flash 而非圖片。當然，就算你能取得圖片，讀取上面的文字也是有點麻煩。

下面的腳本可執行此功能：它到 Tolstoy 的 *The Death of Ivan Ilyich* 大字版本頁[1]搜集圖片 URL 然後下載、讀取、並輸出上面的文字。

請注意，此程式依靠 Amazon 的產品、架構、格式才能正確執行。若產品下架可將 URL 指向其他有預覽的產品（我發現它可處理大 sans-serif 字形）。

由於這是較前面的範例相對複雜的程式，所以加上註解讓它比較容易研讀：

```
import time
from urllib.request import urlretrieve
from PIL import Image
import tesseract
from selenium import webdriver


def getImageText(imageUrl):
    urlretrieve(image, 'page.jpg')
    p = subprocess.Popen(['tesseract', 'page.jpg', 'page'],
        stdout=subprocess.PIPE,stderr=subprocess.PIPE)
    p.wait()
    f = open('page.txt', 'r')
    print(f.read())

# 建構新的 Selenium driver
driver = webdriver.Chrome(executable_path='<Path to chromedriver>')

driver.get('https://www.amazon.com/Death-Ivan-Ilyich'\
    '-Nikolayevich-Tolstoy/dp/1427027277')
time.sleep(2)

# 點擊書評按鈕
driver.find_element_by_id('imgBlkFront').click()
imageList = []

# 等待網頁載入
time.sleep(5)

while 'pointer' in driver.find_element_by_id(
    'sitbReaderRightPageTurner').get_attribute('style'):
    # 雖然右箭頭可點擊，但翻頁
    driver.find_element_by_id('sitbReaderRightPageTurner').click()
    time.sleep(2)
```

1 處理沒訓練過的文字時，Tesseract 比較會處理大字版本的書，特別是圖片較小時。下一節會討論如何訓練 Tesseract 處理不同字形，它能幫助 Tesseract 讀取較小的字形，包括一般版本的預覽！

```
        # 新網頁已經載入（一次載入多個網頁，但重複頁不會加入集合）
        pages = driver.find_elements_by_xpath('//div[@class=\'pageImage\']/div/img')
        if not len(pages):
            print("No pages found")
        for page in pages:
            image = page.get_attribute('src')
            print('Found image: {}'.format(image))
            if image not in imageList:
                imageList.append(image)
                getImageText(image)

    driver.quit()
```

雖然此基本理論上可使用任何一種 Selenium webdriver，我發現還是 Chrome 可靠。

如同前面的 Tesseract 閱讀程序，它輸出此書預覽內容：

```
Chapter I

During an Interval In the Melvmskl trial In the large
building of the Law Courts the members and public
prosecutor met in [van Egorowch Shebek ‘s private
room, where the conversation turned on the celebrated
Krasovski case. Fedor Vasillevich warmly maintained
that it was not subject to their jurisdiction, Ivan
Egorovich maintained the contrary, while Peter
ivanowch, not havmg entered into the discussmn at
the start, took no part in it but looked through the
Gazette which had Just been handed in.

 “Gentlemen,”  he said,  “Ivan Ilych has died!"
```

但有許多明顯的錯誤，例如“Melvinski”變成“Melvmsl”、“discussion”變成“discussmn”。這種錯誤可依靠字典改正（或許加上“Melvinski”等詞）。

有時候某個字會整個弄錯，例如第三頁這一句：

```
it is he who is dead and not 1.
```

“I”這個字變成“1”。除了字典外，Markov 鏈分析可能有幫助。若有一段文字帶有極罕見的詞（“and not 1”），或許可以假設它應該是常見的詞（“and not I”）。

當然，替換這些可預見的錯誤模式會有幫助："vi" 變成 "w"、"I" 變成 "1"。若經常出現，你可以 "嘗試" 新的字與詞，選擇合理的方案。一種方式是替換經常弄錯的字元、查字典、或使用（常見的）n-gram。

若採取這種方式，記得要閱讀第 9 章關於自然語言處理的部分。

雖然範例中的文字是常見的 sans-serif 字形且 Tesseract 能夠辨識，有時候一點重新訓練也能改善正確率。下一節討論另一種需要一點預先處理的解決方案。

提供大量已知值的圖形文字給 Tesseract，它就能 "訓練" 辨識同一個字形以提高具背景與位置問題下文字辨識的準確性。

讀取 CAPTCHA 與訓練 Tesseract

雖然 *CAPTCHA* 很常見，但很少人知道它代表什麼：*Completely Automated Public Turing Test to Tell Computers and Humans Apart*。它笨拙的縮略詞暗示了它在妨礙完美可用的網頁界面方面相當笨拙的作用，因為人類和非人類機器人經常為解決 CAPTCHA 測試而苦苦掙扎。

Turing 測試由 Alan Turing 於 1950 的論文 "Computing Machinery and Intelligence" 中首度提出。他在論文中描述一個人類透過電腦終端機與人類以及人工智慧溝通。若人類無法透過一般對話分辨人類與 AI，則 AI 通過 Turing 測試，且人工智慧真正做到全方位 "思考"。

諷刺的是，過去 60 年我們從使用這些測試檢測機器人變成用這些測試檢測我們自己。Google 最近停止了惡名昭彰的 reCAPTCHA，主因是它更偏向阻擋合理使用者。[2]

其他 CAPTCHA 比較容易一些。舉例來說，Drupal 這個 PHP 內容管理系統有個 CAPTCHA 模組（*https://www.drupal.org/project/captcha*）可產生各種難度的 CAPTCHA 圖形。預設圖形如圖 13-4 所示。

2 *https://gizmodo.com/google-has-finally-killed-the-captcha-1793190374*。

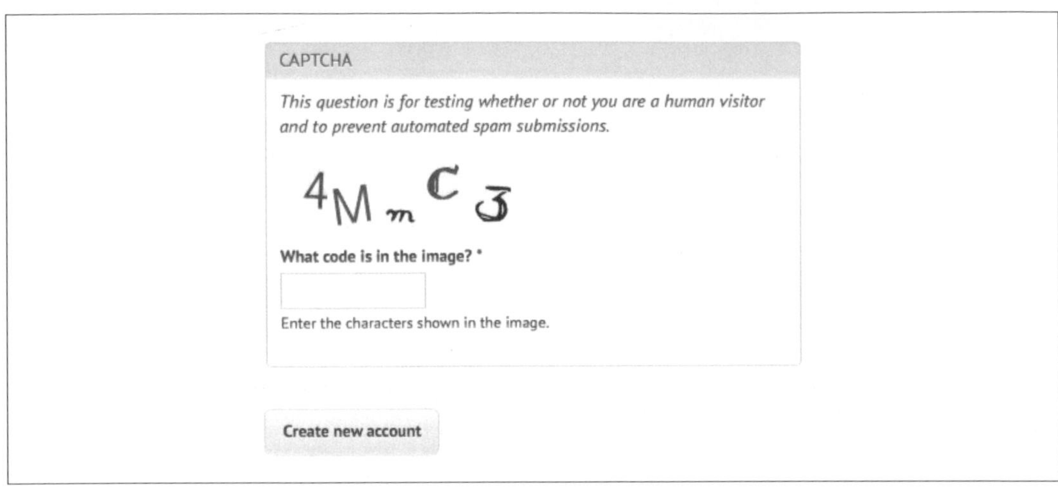

圖 13-4 Drupal 的 CAPTCHA 專案的預設文字 CAPTCHA

這個人類與機器都容易讀的 CAPTCHA 與其他 CAPTCHA 有何不同？

- 字元沒有重疊，水平方向也沒越過其他字元的空間。也就是可以為每個字元畫出一個方框而不會互相重疊。
- 沒有背景圖形、線條、或其他東西混淆 OCR 程式。
- 字形變化較少。它在單純的 sans-serif 字形（“4” 與 “M”）與手寫字形（“m”、“C”、“3”）間交替。
- 背景與字元顏色的高對比。

但此 CAPTCHA 會丟出一些對 OCR 是個挑戰的變化：

- 同時使用字母與數字，增加字元變化數量。
- 隨機傾斜會混淆 OCR，但人還是很容易讀。
- 相對怪異的手寫字形在 “C” 與 “3” 加上多餘的線條且小寫 “m” 讓電腦需要額外的訓練。

使用下面的命令對此圖形執行 Tesseract：

```
$ tesseract captchaExample.png output
```

會產生這樣的輸出：

```
4N\,,,C<3
```

它正確讀出 4、C、3，但明顯無法通過 CAPTCHA。

訓練 Tesseract

為訓練 Tesseract 讀奇怪的字形或 CAPTCHA，你必須提供每個字元的多個樣本。

這時候你需要準備幾本書或幾部電影，因為會花相當長的時間。第一個步驟是下載多個 CAPTCHA 樣本到一個目錄下。樣本數量取決於 CAPTCHA 的複雜度；我使用 100 個樣本檔案（總共 500 個字元，或平均每個符號 8 個樣本）進行 CAPTCHA 訓練，效果還不錯。

我建議將圖檔名稱改成 CAPTCHA 的答案（例如 *4MmC3.jpg*）。我發現這樣可以加速檢查錯誤；你可以容易的檢視檔案縮圖並比較檔名。它也可以加速後續步驟的檢查。

第二個步驟是告訴 Tesseract 圖形中每個位置的字元是什麼。這需要為每個 CAPTCHA 圖形建立一個方框檔案。方框檔案如下：

```
4 15 26 33 55 0
M 38 13 67 45 0
m 79 15 101 26 0
C 111 33 136 60 0
3 147 17 176 45 0
```

第一個符號是字元，接下來四個數字是方框四角座標，最後是多頁訓練文件的“頁數”（我們是 0）。

很明顯，手動建立方框檔案很無趣，有多個工具可幫忙。我常用 Tesseract OCR Chopper 這個線上工具（*https://pp19dd.com/tesseract-ocr-chopper/*），因為它無需安裝，在瀏覽器上執行，且容易使用。上傳圖形，需要增加方框時點擊下方 Add 按鈕，必要時可調整方框大小，然後複製到 *.box* 檔案中。

方框檔案必須以純文字儲存，副檔名為 *.box*。如同圖檔，方框檔名用 CAPTCHA 的答案會比較方便（例如 *4MmC3.box*）。同樣的，如此能方便檢查 *.box* 檔案的內容並與圖檔在目錄中並列。

同樣的，你必須建構約 100 個這樣的檔案以確保有足夠的資料。還有，Tesseract 有時候會拋棄無法讀取的檔案，因此要預留一些。若不滿意 OCR 結果，或 Tesseract 無法辨識特定字元，可增加訓練資料再試一次。

建構充滿 *.box* 檔案與圖檔的資料目錄後，複製資料到備份目錄。雖然對資料執行腳本不可能會刪除檔案，但小心總比後悔好。此外，這樣還可以重複嘗試。

執行資料分析與建構訓練檔案需要好幾個步驟。有些工具能幫你處理，但目前不能執行 Tesseract 3.02。

我有個 Python 程式（*https://github.com/REMitchell/tesseract-trainer*）可操作圖檔與方框檔案並自動建立訓練檔案。

此程式的設定與步驟見 `__init__` 與 `runAll` 方法：

```
def __init__(self):
    languageName = 'eng'
    fontName = 'captchaFont'
    directory = '<path to images>'

def runAll(self):
    self.createFontFile()
    self.cleanImages()
    self.renameFiles()
    self.extractUnicode()
    self.runShapeClustering()
    self.runMfTraining()
    self.runCnTraining()
    self.createTessData()
```

需要設定的三個變數是：

`languageName`
: 三個字母的語言碼，告訴 Tesseract 辨識什麼語言。英文使用 `eng`。

`fontName`
: 你選擇的字形名稱，必須是沒有空白單個字。

`directory`
: 放圖檔與方框檔案的目錄。我建議使用絕對路徑，若相對路徑則對應執行 Python 程式的路徑。若是絕對路徑則可以從任何位置執行此程式。

讓我們檢視個別函式。

createFontFile 建構 *font_properties* 檔案，它讓 Tesseract 知道新的字形：

```
captchaFont 0 0 0 0 0
```

此檔案帶有字形名稱，後面的 1 與 0 表示是否為斜體、粗體、或其他版本（訓練這些字形屬性很有趣，但不在本書討論範圍）。

cleanImages 建構高對比圖檔、轉換成灰階、執行其他讓 OCR 容易讀取的操作。若要特別處理 CAPTCHA，可以將額外濾鏡處理程序放這裡。

renameFiles 將 *.box* 檔案與相對應圖檔重新命名（檔案數字是分隔檔案的序號）：

- *<languageName>.<fontName>.exp<fileNumber>.box*
- *<languageName>.<fontName>.exp<fileNumber>.tiff*

extractUnicode 檢查 .box 檔案並判斷可訓練的字元。產生出的 Unicode 檔案可告訴你找到多少字元，是判斷是否遺漏什麼東西的好方法。

runShapeClustering、runMfTraining、runCtTraining 三個函式建構 shapetable、pfftable、normproto 檔案。它們提供字元的座標與外形資以及 Tesseract 計算可能性的統計資訊。

最後，Tesseract 加上語言名稱重新命名資料目錄（例如 *shapetable* 重新命名為 *eng.shapetable*）並編譯成最終的 *eng.traineddata* 檔案。

唯一需要手動執行的步驟是將 *eng.traineddata* 檔案使用下列命令移動到 *tessdata* 根目錄：

```
$cp /path/to/data/eng.traineddata $TESSDATA_PREFIX/tessdata
```

依循這些步驟就可以訓練 Tesseract 解析 CAPTCHA。接下來讓 Tesseract 讀取範例圖形會得到正確回應：

```
$ tesseract captchaExample.png output|cat output.txt
4MmC3
```

成功！比前面的 4N\,,,C<3 好很多。

這只是 Tesseract 訓練與辨識功能的簡略介紹。若要深入認識訓練 Tesseract 辨識 CAPTCHA，我建議看這份文件（*https://code.google.com/p/tesseract-ocr/wiki/TrainingTesseract3*）。

擷取 CAPTCHA 與提交答案

許多常見的內容管理系統經常被機器人註冊。舉例來說，*http://pythonscraping.com* 的 CAPTCHA（老實說很弱）也擋不住。

這些機器人是怎麼辦到的？我們可以解決自己硬碟上的 CAPTCHA，但如何做出機器人？這一節組合前面討論的技術。若還不懂則再從第 10 章開始看起。

大部分基於圖形的 CAPTCHA 有幾個屬性：

- 由伺服器端的程式動態產生圖形。它們的位址不像傳統圖形，例如 `<img src="WebForm.aspx?id=8AP85CQKE9TJ">`，但可以下載與操作。
- 答案儲存在伺服器端的資料庫。
- 許多 CAPTCHA 有時限，但通常對機器人不是問題。但若 CAPTCHA 排隊解決或請求到提交中間隔太久則可能會失敗。

一般方式是下載 CAPTCHA 到硬碟、清理、使用 Tesseract 解析、加上適當參數回傳答案。

我在 *http://pythonscraping.com/humans-only* 有個加上 CAPTCHA 保護留言的網頁。下面的機器人使用命令列 Tesseract 函式庫而非 pytesseract（雖然都容易使用）：

```
from urllib.request import urlretrieve
from urllib.request import urlopen
from bs4 import BeautifulSoup
import subprocess
import requests
from PIL import Image
from PIL import ImageOps

def cleanImage(imagePath):
    image = Image.open(imagePath)
    image = image.point(lambda x: 0 if x<143 else 255)
    borderImage = ImageOps.expand(image,border=20,fill='white')
    borderImage.save(imagePath)

html = urlopen('http://www.pythonscraping.com/humans-only')
bs = BeautifulSoup(html, 'html.parser')
# 搜集表單值
imageLocation = bs.find('img', {'title': 'Image CAPTCHA'})['src']
formBuildId = bs.find('input', {'name':'form_build_id'})['value']
captchaSid = bs.find('input', {'name':'captcha_sid'})['value']
```

```
    captchaToken = bs.find('input', {'name':'captcha_token'})['value']

    captchaUrl = 'http://pythonscraping.com'+imageLocation
    urlretrieve(captchaUrl, 'captcha.jpg')
    cleanImage('captcha.jpg')
    p = subprocess.Popen(['tesseract', 'captcha.jpg', 'captcha'], stdout=
        subprocess.PIPE,stderr=subprocess.PIPE)
    p.wait()
    f = open('captcha.txt', 'r')

    # 清理空白字元
    captchaResponse = f.read().replace(' ', '').replace('\n', '')
    print('Captcha solution attempt: '+captchaResponse)

    if len(captchaResponse) == 5:
        params = {'captcha_token':captchaToken, 'captcha_sid':captchaSid,
                  'form_id':'comment_node_page_form', 'form_build_id': formBuildId,
                  'captcha_response':captchaResponse, 'name':'Ryan Mitchell',
                  'subject': 'I come to seek the Grail',
                  'comment_body[und][0][value]':
                   '...and I am definitely not a bot'}
        r = requests.post('http://www.pythonscraping.com/comment/reply/10',
                          data=params)
        responseObj = BeautifulSoup(r.text, 'html.parser')
        if responseObj.find('div', {'class':'messages'}) is not None:
            print(responseObj.find('div', {'class':'messages'}).get_text())
    else:
        print('There was a problem reading the CAPTCHA correctly!')
```

請注意，此腳本在兩種狀況下會失敗：Tesseract 沒有從圖形中擷取出五個字元（因為你知道所有 CAPTCHA 的答案都是五個字元）或提交錯誤的 CAPTCHA。第一種狀況約佔 50%，因此根本無需提交。第二種狀況佔 20%，正確率約 30%（或說是每個字元的正確率 80%）。

雖然看起來不高，但通常可以無限次的嘗試，而大部分錯誤可放棄而無需提交。若還說服不了你，還要記得隨便猜的命中率只有 .0000001%。執行程式三四次比猜 9 億次好很多！

第十四章

避開擷取陷阱

很少有事情比擷取網站發現資料與瀏覽器看到的不一樣更糟。或者是成功提交表單但被退回或 IP 位址被網站擋掉。

這些是難解決的問題，不只是因為在意料之外（腳本對別的網站就沒問題），還因為它們故意不提供錯誤訊息。你被當做機器人阻擋而不知原因。

前面已經討論過很多高招（提交表單、擷取與清理資料、執行 JavaScript 等）。這一章討論各種技術的組合應用（HTTP 標頭、CSS、HTML 表單等）。它們有個共同點：用於克服自動化網站擷取的障礙。

無論現在是否用的到，我建議你瀏覽這一章。不一定什麼時候它可以幫你解決問題。

關於道德問題

前面討論過網站擷取在法律上的灰色地帶以及倫理。老實說，這一章對我來說可能最難寫。我的網站曾經被機器人、垃圾郵件業者等各種不受歡迎的訪客騷擾過，或許你也是。所以為什麼我還要教大家寫機器人？

我認為加入這些內容很重要：

- 擷取某些不想被爬的網站合理合法。在前一個爬網站的工作中，我執行自動化搜集當事人本身不知道被公開的用戶姓名、地址、電話等個人資訊的程式。我用這些資訊正式向要求那些網站提出刪除的要求。為避免競爭者，這些網站會阻擋資料被擷取。我的工作是保護公司客戶的隱匿性（有些是被跟蹤、家暴受害者、或有合理的原因保持低調）且我很高興有能力完成工作。

- 雖然不可能建構“防擷取”網站（能被正常使用者擷取），我希望這些內容能幫助要保護網站的人。我會指出每一個網站擷取技術的弱點，你可以用它來保護網站。要記得大部分機器人只是掃描資訊與弱點，使用這一章討論的技術可阻擋其中的99%。但魔高一尺道高一丈，最好有所準備。
- 如同大部分的程式設計師，我不認為掌握知識是壞事。

要記住這些腳本與技術不應該用來對付你遇到的每個網站。它不只不是好事，你也有可能收到律師函（更多律師函應對資訊見第 18 章）。接下來不再複述這些事情，因此如同哲學家阿甘所說的：“我要說的就是這些”。

看起來像個人

不想被爬的網站最基本的挑戰是分辨人與機器。雖然有些技術很難被騙過（例如 CAPTCHA），但你可以做一些簡單的事情讓你的機器人看起來更像人。

調整標頭

前面討論過使用 Python 的 *Requests* 函式庫建構、發送、接收 HTTP 請求。*Reqeusts* 函式庫也可以設定標頭。HTTP 標頭是發出請求給網頁伺服器時設定的一組屬性或偏好。HTTP 定義了很多標頭類型，大部分罕用。但瀏覽器在起始連接時經常使用下面這七個欄位（範例資料來自我的瀏覽器）：

```
Host              https://www.google.com/
Connection        keep-alive
Accept            text/html,application/xhtml+xml,application/xml;q=0.9,image/
                  webp,*/*;q=0.8
User-Agent        Mozilla/5.0 (Macintosh; Intel Mac OS X 10_9_5) AppleWebKit/537.36
                  (KHTML, like Gecko) Chrome/39.0.2171.95 Safari/537.36
Referrer          https://www.google.com/
Accept-Encoding   gzip, deflate, sdch
Accept-Language   en-US,en;q=0.8
```

下面是 `urllib` 函式庫可能會發送的標題：

```
Accept-Encoding   identity
User-Agent        Python-urllib/3.4
```

若你是嘗試擋機器人的網站管理員，你會放過哪一個？

幸好標題可以透過 *Requests* 函式庫設定。*https://www.whatismybrowser.com* 可測試瀏覽器的標頭。用下面的腳本爬這個網站以檢查 cookie 的設定：

```
import requests
from bs4 import BeautifulSoup

session = requests.Session()
headers = {'User-Agent':'Mozilla/5.0 (Macintosh; Intel Mac OS X 10_9_5)'
           'AppleWebKit 537.36 (KHTML, like Gecko) Chrome',
           'Accept':'text/html,application/xhtml+xml,application/xml;'
           'q=0.9,image/webp,*/*;q=0.8'}
url = 'https://www.whatismybrowser.com/'\
    'developers/what-http-headers-is-my-browser-sending'
req = session.get(url, headers=headers)

bs = BeautifulSoup(req.text, 'html.parser')
print(bs.find('table', {'class':'table-striped'}).get_text)
```

輸出應該會顯示標題與程式的 `headers` 字典物件設定一樣。

雖然網站可以用 HTTP 標頭屬性檢查“人”，我發現通常真正重要的是 `User-Agent`。將它設定成比 `Python-urllib/3.4` 更像瀏覽器的值。此外，若網站很多疑，產生 `Accept-Language` 等常用但少檢查的標頭可能是模擬人的關鍵。

標頭改變你看到的東西

假設你要寫機器學習翻譯機，但缺少訓練資料。很多網站根據標頭設定提供多種語言內容。將標頭的 `Accept-Language:en-US` 改成 `Accept-Language:fr` 可能會看到翻譯後的“Bonjour”（跨國公司比較有可能）。

標頭也會改變內容格式。舉例來說，行動裝置會看到適合螢幕大小的內容。若將 `User-Agent` 改成下面這樣，你可能會發現網站更好爬了！

```
User-Agent:Mozilla/5.0 (iPhone; CPU iPhone OS 7_1_2 like Mac OS X)
AppleWebKit/537.51.2 (KHTML, like Gecko) Version/7.0 Mobile/11D257
Safari/9537.53
```

以 JavaScript 處理 cookie

正確處理 cookie 可避免很多擷取問題，但 cookie 也是雙面刃。使用 cookie 記錄瀏覽過程的網站可能會踢掉不正常的行為，例如填表太快或看太多網頁。雖然這些行為能以關閉連線再開或改變 IP 來偽裝（見第 17 章），但 cookie 可能會出賣你。

Cookie 對擷取網站也可能是必要的。如第 10 章所述，保存與提出 cookie 是保持登入的方法。有些網站甚至不需要實際登入取得新的 cookie- 只需要保存“登入過”的 cookie 就可以。

若你要擷取一個或少量特定網站，我建議檢視這些網站產生的 cookie 以思考擷取程序要處理哪些 cookie。有些瀏覽器的外掛可顯示造訪網站時設定的 cookie。Chrome 上的 EditThisCookie（*http://www.editthiscookie.com/*）是我最喜歡的外掛之一。

以 *Requests* 函式庫處理 cookie 的更多資訊見第 10 章的“處理登入與 cookie”一節。由於 *Requests* 函式庫無法執行 JavaScript，它當然無法處理 Google Analytics 等執行用戶端腳本後（或根據瀏覽時的點擊等動作）才會設定的 cookie。要處理這種 cookie，你必須使用 Selenium 與 PhantomJS 套件（安裝與使用見第 11 章）。

你可以對 webdriver 呼叫 `get_cookies()` 以檢視任何網站（範例為 *http://pythonscraping.com*）的 cookie：

```
from selenium import webdriver
driver = webdriver.PhantomJS(executable_path='<Path to Phantom JS>')
driver.get('http://pythonscraping.com')
driver.implicitly_wait(1)
print(driver.get_cookies())
```

它輸出 Google Analytics 的 cookie 如下：


```
[{'value': '1', 'httponly': False, 'name': '_gat', 'path': '/', 'expi
ry': 1422806785, 'expires': 'Sun, 01 Feb 2015 16:06:25 GMT', 'secure'
: False, 'domain': '.pythonscraping.com'}, {'value': 'GA1.2.161952506
2.1422806186', 'httponly': False, 'name': '_ga', 'path': '/', 'expiry
': 1485878185, 'expires': 'Tue, 31 Jan 2017 15:56:25 GMT', 'secure':
False, 'domain': '.pythonscraping.com'}, {'value': '1', 'httponly': F
alse, 'name': 'has_js', 'path': '/', 'expiry': 1485878185, 'expires':
 'Tue, 31 Jan 2017 15:56:25 GMT', 'secure': False, 'domain': 'pythons
craping.com'}]
```

要操作 cookie，你可以呼叫 `delete_cookie()`、`add_cookie()`、`delete_all_cookies()` 函式。此外，你可以儲存 cookie 供其他網站擷取程序使用。下面的例子示範如何使用這些函式：

```
from selenium import webdriver

phantomPath = '<Path to Phantom JS>'
driver = webdriver.PhantomJS(executable_path=phantomPath)
driver.get('http://pythonscraping.com')
driver.implicitly_wait(1)

savedCookies = driver.get_cookies()
print(savedCookies)

driver2 = webdriver.PhantomJS(executable_path=phantomPath)
driver2.get('http://pythonscraping.com')
driver2.delete_all_cookies()
for cookie in savedCookies:
    if not cookie['domain'].startswith('.'):
        cookie['domain'] = '.{}'.format(cookie['domain'])
    driver2.add_cookie(cookie)

driver2.get('http://pythonscraping.com')
driver.implicitly_wait(1)
print(driver2.get_cookies())
```

此例中，第一個 webdriver 擷取一個網站、輸出 cookie、然後儲存在 `savedCookies` 變數中。第二個 webdriver 載入同一個網站、刪除自己的 cookie、加入第一個 webdriver 儲存的 cookie。下面有兩項技術附註：

- 第二個 webdriver 必須在加入 cookie 前載入網站。如此才能讓 Selenium 知道 cookie 屬於哪一個網域，無論載入是否對擷取程序有用。
- 載入前檢查網域是否以句號（.）字元開始。這是 PhantomJS 的特定處理方式——網域的 cookie 必須以句號開始（例如 `.pythonscraping.com`），無論 PhantomJS 的 webdriver 的 cookie 是不是全部遵循這個規則。若使用其他瀏覽器，例如 Chrome 或 Firefox，則不需要這麼做。

然後第二個 webdriver 應該具有與第一個相同的 cookie。根據 Google Analytics，第二個 webdriver 現在與第一個相同，會以同樣的方式追蹤。若第一個 webdriver 有登入，第二個 webdriver 也會有。

時機很重要

若動作太快，有些網站會阻止你提交表單或進行互動。就算沒有這個功能，下載大量資訊也會讓你被發現與阻擋。

因此，雖然多執行緒程式是快速載入多網頁的好方法——讓你處理一個執行緒的資料，同時在其他執行緒載入網頁——但不是寫擷取程序的好辦法。你應該盡可能減少網頁載入與資料請求。若可能，嘗試間隔幾秒：

```
import time

time.sleep(3)
```

網頁間是否需要間隔幾秒通常要實驗。我經常遇到每隔幾分鐘就要證明自己“不是機器人”的擷取狀況（解決 CAPTCHA、貼上新取得的 cookie 以讓網站認為擷取程序已經“證明不是機器人”），但加上 `tiem.sleep` 可以解決這個問題。

有時候必須慢下來才會快！

常見表單安全功能

許多判別人與擷取程序的測試已經用了很多年。雖然機器人擷取公開網頁不是什麼大事情，但機器人建立大量使用者賬戶並發垃圾文字就很嚴重。表單，特別是註冊表單，是安全上的嚴重威脅且在機器人濫用下會消耗大量運算能力，因此許多網站嘗試了（自以為的）限制存取。

這些針對表單與登入的措施對網站擷取是個挑戰。

這邊只介紹了部分安全措施。更多資訊見第 13 章討論的 CAPTCHA 與圖形處理以及第 17 章討論的標頭與 IP 位址。

隱藏輸入欄位值

HTML 表單中的“隱藏”欄位讓瀏覽器看到的而使用者看不到（除非檢視原始碼）。隨著使用 cookie，使用隱藏欄位防止擷取程序提交表單的做法就越來越少了。

圖 14-1 顯示 Facebook 登入頁上的隱藏欄位。雖然這個表單只有三個可見欄位（使用者名稱、密碼、提交按鈕），但隱藏了一些要給提供給伺服器的資訊。

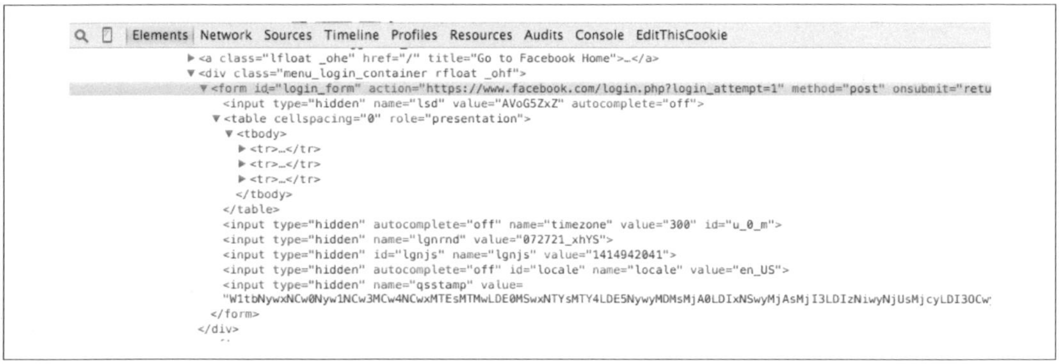

```
Elements Network Sources Timeline Profiles Resources Audits Console EditThisCookie
▶<a class="lfloat _ohe" href="/" title="Go to Facebook Home">…</a>
▼<div class="menu_login_container rfloat _ohf">
  ▼<form id="login_form" action="https://www.facebook.com/login.php?login_attempt=1" method="post" onsubmit="retu
      <input type="hidden" name="lsd" value="AVoG5ZxZ" autocomplete="off">
    ▼<table cellspacing="0" role="presentation">
      ▼<tbody>
        ▶<tr>…</tr>
        ▶<tr>…</tr>
        ▶<tr>…</tr>
       </tbody>
     </table>
     <input type="hidden" autocomplete="off" name="timezone" value="300" id="u_0_m">
     <input type="hidden" name="lgnrnd" value="072721_xhYS">
     <input type="hidden" id="lgnjs" name="lgnjs" value="1414942041">
     <input type="hidden" autocomplete="off" id="locale" name="locale" value="en_US">
     <input type="hidden" name="qsstamp" value=
     "W1tbNywxNCw0Nyw1NCw3MCw4NCwxMTEsMTMwLDE0MSwxNTYsMTY4LDE5NywyMDMsMjA0LDIxNSwyMjAsMjI3LDIzNiwyNjUsMjcyLDI3OCw
   </form>
 </div>
```

圖 14-1 Facebook 的登入表單有很多隱藏欄位

防止擷取網站的隱藏欄位有兩種：給伺服器檢查的隨機產生的欄位。若沒有提交這個值則表示不是透過原來的網頁而是由機器人提交。最好的解決辦法是先擷取表單、搜集隨機值、然後一併提交。

第二種方式是某種“陷阱”。若表單隱藏欄位命名為 username 或 email 等名稱，機器人可能會傻傻的嘗試填入資料提交而不管使用者是否能看到。有實際值（或與預設不同）的隱藏欄位應該會被無視，甚至是阻擋。

總而言之，有時候必須檢查網頁是否有加上什麼伺服器要的東西。若有隱藏欄位帶隨機值則伺服器可能會檢查提交時是否存在。此外，伺服器可能會檢查表單變數是否只使用一次（防止腳本重複使用）。

避開陷阱

雖然 CSS 有時可幫助分辨資訊（例如看 `id` 與 `class` 標籤），它有時候也會造成問題。若表單欄位以 CSS 隱藏，我們可以合理假設一般使用者不會填這個欄位，因為在瀏覽器上看不到。若填了這種欄位，應該就是機器人幹的事。

這不只適用於表單，還包括連結、圖形、檔案與其他一般使用者在瀏覽器上看不到的東西。請求“隱藏”網頁會觸發網站的防衛腳本阻擋該 IP 位址、將使用者登出、或採取其他動作。事實上，很多生意都是這麼來的。

舉例來說，*http://pythonscraping.com/pages/itsatrap.html* 這個網頁上有兩個連結，一個看得見，一個被 CSS 藏起來。此外，它還有個表單帶兩個隱藏欄位：

```
<html>
<head>
    <title>A bot-proof form</title>
</head>
<style>
    body {
        overflow-x:hidden;
    }
    .customHidden {
        position:absolute;
        right:50000px;
    }
</style>
<body>
    <h2>A bot-proof form</h2>
    <a href=
     "http://pythonscraping.com/dontgohere" style="display:none;">Go here!</a>
    <a href="http://pythonscraping.com">Click me!</a>
    <form>
        <input type="hidden" name="phone" value="valueShouldNotBeModified"/><p/>
        <input type="text" name="email" class="customHidden"
                  value="intentionallyBlank"/><p/>
        <input type="text" name="firstName"/><p/>
        <input type="text" name="lastName"/><p/>
        <input type="submit" value="Submit"/><p/>
   </form>
</body>
</html>
```

這三個元素以三種方式隱藏：

- 第一個連結以 CSS 的 display:none 屬性隱藏
- phone 是隱藏的輸入欄位
- email 欄向右移 50000 個像素（超過所有人的螢幕）並隱藏捲動條

幸好 Selenium 會繪製網頁，它能夠分辨元素是否會顯示。元素顯示與否可使用 is_displayed() 函式判斷。

舉例來說，下列程式擷取該網頁並檢查隱藏連結與輸入欄位：

```
from selenium import webdriver
from selenium.webdriver.remote.webelement import WebElement

driver = webdriver.PhantomJS(executable_path='<Path to Phantom JS>')
```

```
driver.get('http://pythonscraping.com/pages/itsatrap.html')
links = driver.find_elements_by_tag_name('a')
for link in links:
    if not link.is_displayed():
        print('The link {} is a trap'.format(link.get_attribute('href')))

fields = driver.find_elements_by_tag_name('input')
for field in fields:
    if not field.is_displayed():
        print('Do not change value of {}'.format(field.get_attribute('name')))
```

Selenium 捕捉到隱藏欄位產生下列輸出：

```
The link http://pythonscraping.com/dontgohere is a trap
Do not change value of phone
Do not change value of email
```

雖然你不會想造訪隱藏連結，但會提交隱藏表單值（或讓 Selenium 提交）。總而言之，只忽略隱藏欄位很危險，處理時要小心。

判斷項目清單

這一章有很多關於如何讓擷取程序像人的資訊。若你被網站阻擋而不知道為什麼，這裡有個檢查項目清單：

- 若收到空白網頁、缺少資訊、或與預期不符（與瀏覽器所見不一致），可能是因為 JavaScript。見第 11 章。
- 若提交表單或發出 POST 請求，檢查提交內容與格式。使用 Chrome 的 Inspector 等工具檢查 POST 請求發出的內容並與“真正”的請求比較。
- 嘗試登入但無法“維持”或“狀態”很奇怪，檢查 cookie。要確保載入網頁與發出請求時 cookie 的一致。
- 收到 HTTP 錯誤碼，特別是 403 Forbidden 時，可能是網站從 IP 位址判斷你是個機器人。你必須等到網站將該 IP 移除或取得新 IP 位址（去網咖或見第 17 章）。要確保你不會再度被阻擋：
  - 確保擷取程序動作不會太快。快速擷取會讓伺服器增加太多負載、使你觸法、是被阻擋的頭號原因。加入延遲並讓程序慢慢跑。要記得：急著寫程式或搜集資料是不好的專案管理的徵兆；要事先規劃。

—很明顯的一項：修改你的標頭！有些網站會阻擋自稱是擷取程序的東西。若不知道要放什麼就抄瀏覽器的標頭值。

—要確保不會存取一般人看不到的東西（見“避開陷阱”一節）。

—再不行就考慮告訴網站管理員你的意圖。寄信給 *webmaster@<domain name>* 或 *admin@<domain name>* 請求許可。他們也是人，有可能會同意分享資料。

第十五章

以爬行程序測試你的網站

開發網站時，有時候只有“後台”被正式測試過。大部分的程式設計語言（包括 Python）有某種測試框架，但網站前端經常被排除在自動化測試外，然而它們是專案中唯一的用戶界面。

部分原因是網站由標記語言與程式語言混合而成。你可以為 JavaScript 撰寫單元測試，但若 JavaScript 成功執行而 HTML 沒有跟著動也沒用。

網站前端的測試經常是後來才想到，或交給低階工程師與測試者照著清單檢查。但一點事前規劃可將清單換成單元測試並以擷取程序取代肉眼。

想象一個情境：網頁的測試驅動開發。每日測試確保網頁界面功能正確。新增或修改網站功能後自動進行測試。這一章討論基本測試與如何以 Python 寫的擷取程序測試簡單與複雜的網站。

測試簡介

若你從沒有寫過測試，現在就開始。自動化測試可確保程式正確執行（至少如測試預期）並節省時間。

單元測試是什麼？

測試與**單元測試**有時指同一件事。有時程式設計師說的“寫測試”的意思是“寫單元測試”。另一方面，有的程式設計師的單元測試是另一種測試。

雖然每家公司的定義不一樣，但單元測試通常具有下列特徵：

- 每個單元測試檢查一個元件的某一方面功能。舉例來說，它可能檢查以負數提款時是否拋出錯誤訊息。

  單元測試通常依元件包在一起。檢查以負數提款時是否拋出錯誤訊息的測試可能與檢查提款金額不足時拋出錯誤訊息的測試放在一起。

- 單元測試可以完全獨立，前置作業必須由本身處理。同樣的，單元測試不會干擾其他測試且與執行順序無關。

- 單元測試通常至少有一個**斷言**。舉例來說，某個單元測試會斷言二加二的答案是四。有時候單元測試可能只有錯誤狀態。舉例來說，它可能在拋出例外時失敗，但正常執行時通過。

- 單元測試與程式是分開的。雖然會引用受測程式，但基本上放在不同的類別與目錄下。

雖然有其他類型的測試——例如整合測試與有效測試等——這一章專注於單元測試。不只是單元測試很常見，最近也流行測試驅動開發，重點是它很適合寫範例，且 Python 如下一節所述有內建一些單元測試功能。

Python 的 unittest

Python 內建 `unittest` 模組，只需要匯入與擴充 `unittest.TestCase` 就會執行下列功能：

- 在單元測試前後執行的 `setUp` 與 `tearDown` 函式
- 多種可讓測試通過或失敗的“斷言”陳述
- 執行以 `test_` 開頭的單元測試函式並忽略未標註為測試的函式

下面的單元測試確保二加二的答案是四：

```
import unittest

class TestAddition(unittest.TestCase):
    def setUp(self):
        print('Setting up the test')

    def tearDown(self):
        print('Tearing down the test')
```

```
    def test_twoPlusTwo(self):
        total = 2+2
        self.assertEqual(4, total);

if __name__ == '__main__':
    unittest.main()
```

setUp 與 tearDown 沒有實際功能，只是為了展示。請注意，這些函式在個別測試而非全部測試前後執行。

測試函式的輸出應該如下：

```
Setting up the test
Tearing down the test
.
----------------------------------------------------------------------
Ran 1 test in 0.000s

OK
```

它表示測試成功且二加二的答案是四。

從 Jupyter Notebook 執行 unittest

這一章的單元測試腳本都這樣開始：

```
if __name__ == '__main__':
    unittest.main()
```

if __name__ == '__main__' 只有直接從 Python 而非透過 import 陳述執行時為真。它讓你使用它擴充的 unittest.TestCase 直接從命令列執行你的測試。

在 Jupyter notebook 中的情況有點不同。由 Jupyter 建構的 argv 參數會導致單元測試中的錯誤，並且由於 unittest 框架預設在測試執行後會退出 Python（這會導致 notebook 核心出現問題），因此我們還需要防止發生這種情況。

在 Jupyter notebook 中，你會使用下列程式啟動單元測試：

```
if __name__ == '__main__':
    unittest.main(argv=[''], exit=False)
    %reset
```

第二行程式將所有 argv 參數（命令列參數）設定成 unittest.main 會忽略的空字串。它也防止測試執行後 unittest 退出。

%reset 將記憶體重置並消除使用者在 Jupyter notebook 中建構的變數。沒有這一行，每個在 notebook 中撰寫的單元測試會帶有前面的測試中繼承自 unittest.TestCase 的方法，包括 setUp 與 tearDown 方法。這表示每個單元測試會執行前面的單元測試中的所有方法！

使用 %reset 使測試執行時多一個步驟。執行此測試時，notebook 會詢問使用者是否確定要重置記憶體。輸入 **y** 或按下 Enter。

測試維基

測試網站前端（不包括 JavaScript，稍後討論）只需結合 Python 的 unittest 函式庫與網站擷取程序：

```
from urllib.request import urlopen
from bs4 import BeautifulSoup
import unittest

class TestWikipedia(unittest.TestCase):
    bs = None
    def setUpClass():
        url = 'http://en.wikipedia.org/wiki/Monty_Python'
        TestWikipedia.bs = BeautifulSoup(urlopen(url), 'html.parser')

    def test_titleText(self):
        pageTitle = TestWikipedia.bs.find('h1').get_text()
        self.assertEqual('Monty Python', pageTitle);

    def test_contentExists(self):
        content = TestWikipedia.bs.find('div',{'id':'mw-content-text'})
        self.assertIsNotNone(content)


if __name__ == '__main__':
    unittest.main()
```

這一次有兩個測試：第一個測試檢查網頁標題是否為“Monty Python”，第二個測試確保網頁有個 div。

請注意，網頁內容只載入一次，而全域物件 bs 在測試間共用。這是使用 unittest 專屬的 setUpClass 達成的，它只在類別啟動時跑一次（與在個別測試執行前跑一次的 setUp 不同）。使用 setUpClass 可避免不必要的網頁載入；你可以抓一次內容並執行多次測試。

除了執行時機外，setUpClass 與 setUp 的主要差別之一是 setUpClass 是個屬於類別本身的靜態方法且具有全域類別變數，而 setUp 是屬於類別特定實例的實例函式。這是為何 setUp 可設定 self 的屬性——該類別的特定實例——而 setUpClass 只能存取 TestWikipedia 類別的靜態屬性。

雖然測試單一網頁沒什麼了不起，但如第 3 章所述，網站擷取程序可以爬整個網站。結合網站擷取程序與判斷網頁的單元測試會發生什麼事？

有很多重複執行測試的方法，但只載入網頁一次時要小心，你必須避免同時載入大量資料到記憶體中。下面的程式就是這麼做：

```
from urllib.request import urlopen
from bs4 import BeautifulSoup
import unittest
import re
import random
from urllib.parse import unquote

class TestWikipedia(unittest.TestCase):

    def test_PageProperties(self):
        self.url = 'http://en.wikipedia.org/wiki/Monty_Python'
        # 測試前十頁
        for i in range(1, 10):
            self.bs = BeautifulSoup(urlopen(self.url), 'html.parser')
            titles = self.titleMatchesURL()
            self.assertEquals(titles[0], titles[1])
            self.assertTrue(self.contentExists())
            self.url = self.getNextLink()
        print('Done!')

    def titleMatchesURL(self):
        pageTitle = self.bs.find('h1').get_text()
        urlTitle = self.url[(self.url.index('/wiki/')+6):]
        urlTitle = urlTitle.replace('_', ' ')
        urlTitle = unquote(urlTitle)
        return [pageTitle.lower(), urlTitle.lower()]

    def contentExists(self):
```

```
        content = self.bs.find('div',{'id':'mw-content-text'})
        if content is not None:
            return True
        return False

    def getNextLink(self):
        # 使用第 3 章的技術回傳網頁上的隨機連結
        links = self.bs.find('div', {'id':'bodyContent'}).find_all(
            'a', href=re.compile('^(/wiki/)((?!:).)*$'))
        randomLink = random.SystemRandom().choice(links)
        return 'https://wikipedia.org{}'.format(randomLink.attrs['href'])

if __name__ == '__main__':
    unittest.main()
```

請注意幾件事。首先，此類別實際只有一個測試。其他函式雖然執行大量判斷測試是否通過的計算，但技術上只是輔助函式。由於此測試函式執行斷言陳述，測試結果回傳給執行斷言的測試函式。

還有，contentExists 回傳布林，titleMatchesURL 回傳值以供評斷。為何回傳值而非布林，看下面兩個布林斷言的結果就知道了：

```
======================================================================
FAIL: test_PageProperties (__main__.TestWikipedia)
----------------------------------------------------------------------
Traceback (most recent call last):
  File "15-3.py", line 22, in test_PageProperties
    self.assertTrue(self.titleMatchesURL())
AssertionError: False is not true
```

assertEquals 陳述的結果：

```
======================================================================
FAIL: test_PageProperties (__main__.TestWikipedia)
----------------------------------------------------------------------
Traceback (most recent call last):
  File "15-3.py", line 23, in test_PageProperties
    self.assertEquals(titles[0], titles[1])
AssertionError: 'lockheed u-2' != 'u-2 spy plane'
```

哪一個比較容易除錯？（此例中，錯誤是因為重新導向，*http://wikipedia.org/wiki/u-2%20spy%20plane* 重新導向到“Lockheed U-2”）。

以 Selenium 進行測試

如第 11 章所述的 Ajax 擷取，JavaScript 對網站測試是個挑戰。幸好 Selenium 可以處理特別複雜的網站；事實上，該函式庫本來的設計目的是測試網站！

雖然是以相同的語言撰寫，但 Python 的單元測試語法與 Selenium 的單元測試語法不太一樣。Selenium 不需要單元測試作為類別中的函式；它的 assert 陳述不需要括號；成功時安靜，失敗時產生訊息：

```
driver = webdriver.PhantomJS()
driver.get('http://en.wikipedia.org/wiki/Monty_Python')
assert 'Monty Python' in driver.title
driver.close()
```

此測試執行時應該不會產生輸出。

在這種方式下，Selenium 測試的撰寫沒有 Python 的單元測試嚴格，而 assert 陳述甚至可以整合到一般程式中以讓程式在不符合條件時終止執行。

與網站互動

我想要與一家公司聯絡但發現它的網站的聯絡表單有問題；點擊提交按鈕沒有反應。調查後發現它使用簡單的 mailto 表單。幸好我能透過這個資訊寄送郵件給他們。

若使用傳統的擷取程序或測試這個表單，擷取程序可能只是複製表單的佈局並直接發送郵件——完全略過表單。要如何測試這個表單的功能並確保它在瀏覽器上正確運行？

雖然前面討論過連結、提交表單及其他類型的互動，基本上我們做的事情是略過瀏覽器界面。另一方面，Selenium 可真正的輸入文字、點擊按鈕、透過瀏覽器做任何事（此例中使用無頭 PhantomJS 瀏覽器），並檢查失效表單、有問題的 JavaScript、HTML 錯誤與其他會對實際使用者產生的問題。

這種測試的關鍵是 Selenium 的 elements。第 11 章介紹過此物件，它是如此回傳：

```
usernameField = driver.find_element_by_name('username')
```

如同在瀏覽器上可以對網頁的各種元素採取各種動作，Selenium 可對任何元素採取許多動作，包括：

```
myElement.click()
myElement.click_and_hold()
myElement.release()
```

```
myElement.double_click()
myElement.send_keys_to_element('content to enter')
```

除了對元素執行動作外，動作字串可以組合成執行單次或多次的**動作鏈**。動作鏈方便多次執行多個動作，但如前面與呼叫元素的動作相同。

範例見 *http://pythonscraping.com/pages/files/form.html* 的表單（之前用於第 10 章）。我們可以如下填寫與提交表單：

```
from selenium import webdriver
from selenium.webdriver.remote.webelement import WebElement
from selenium.webdriver.common.keys import Keys
from selenium.webdriver import ActionChains


driver = webdriver.PhantomJS(executable_path='<Path to Phantom JS>')
driver.get('http://pythonscraping.com/pages/files/form.html')

firstnameField = driver.find_element_by_name('firstname')
lastnameField = driver.find_element_by_name('lastname')
submitButton = driver.find_element_by_id('submit')

### METHOD 1 ###
firstnameField.send_keys('Ryan')
lastnameField.send_keys('Mitchell')
submitButton.click()
################

### METHOD 2 ###
actions = ActionChains(driver).click(firstnameField).send_keys('Ryan')
                              .click(lastnameField).send_keys('Mitchell')
                              .send_keys(Keys.RETURN)
actions.perform()
################

print(driver.find_element_by_tag_name('body').text)

driver.close()
```

Method 1 呼叫兩個欄位的 `send_keys` 然後點擊提交按鈕。Method 2 使用動作鏈在呼叫 `perform` 方法後依序點擊與輸入文字。此腳本中的兩個方法相同並會輸出下面這一行：

```
Hello there, Ryan Mitchell!
```

除了處理命令的物件外，兩個方法還有一處不同：請注意，第一個方法點擊提交按鈕，而第二個方法使用按鍵提交表單。由於完成相同動作的事件順序有很多種，使用 Selenium 完成相同動作的方式也很多。

拖放

點擊按鈕與輸入文字是一回事，但 Selenium 真正厲害的地方在於能夠處理相對複雜的互動。Selenium 可以操作拖放界面。使用拖放功能必須指定來源元素（要拖的元素）與位移或目標元素。

http://pythonscraping.com/pages/javascript/draggableDemo.html 示範這種界面：

```
from selenium import webdriver
from selenium.webdriver.remote.webelement import WebElement
from selenium.webdriver import ActionChains

driver = webdriver.PhantomJS(executable_path='<Path to Phantom JS>')
driver.get('http://pythonscraping.com/pages/javascript/draggableDemo.html')

print(driver.find_element_by_id('message').text)

element = driver.find_element_by_id('draggable')
target = driver.find_element_by_id('div2')
actions = ActionChains(driver)
actions.drag_and_drop(element, target).perform()

print(driver.find_element_by_id('message').text)
```

有兩個訊息從 `message` 輸出到網頁上，第一個是：

```
Prove you are not a bot, by dragging the square from the blue area to the red
area!
```

任務完成後輸出：

```
You are definitely not a bot!
```

如示範頁所示，許多 CAPTCHA 以拖放證明你不是機器人。雖然機器人早就能執行拖放（點擊、按住、移動），但“拖放”這種檢查就是不會消失。

此外，拖放 CAPTCHA 函式庫很少使用對機器人有難度的任務，例如“拖貓的圖片到牛的圖片上”（這需要辨識“貓”與“牛”）；相反的，它們通常涉及數字排序或如範例等簡單的任務。

當然，它們的強度取決於變化，且很少被採用；沒有人想要做出可以打敗全部對手的機器人。這個範例多少足以說明大網站絕對不應該用這種檢查方式。

螢幕截圖

除了一般測試功能外，Selenium 還有一招可以讓測試變簡單（或顯得你很厲害）：螢幕截圖。是的，它可以截圖而無需手動按下 PrtScn 鍵：

```
driver = webdriver.PhantomJS()
driver.get('http://www.pythonscraping.com/')
driver.get_screenshot_as_file('tmp/pythonscraping.png')
```

此腳本造訪 *http://pythonscraping.com* 並將螢幕截圖儲存在 tmp 目錄下（目錄必須存在）。螢幕截圖可儲存成多種格式。

unittest 或 Selenium ？

Python 的 `unittest` 可能適合大部分大規模測試，而 Selenium 測試可能是某種網站功能測試的唯一選項。要用哪一個？

告訴你一個秘訣：不必選。Selenium 用於取得網站資訊，而 `unittest` 用於評估資訊是否符合條件。沒有理由不能將 Selenium 工具匯入 Python 的 `unittest` 來各取所長。

舉例來說，下面的腳本建構拖放界面的單元測試，判斷拖放元素後是否正確的顯示“You are not a bot!”：

```
from selenium import webdriver
from selenium.webdriver.remote.webelement import WebElement
from selenium.webdriver import ActionChains
import unittest

class TestDragAndDrop(unittest.TestCase):
    driver = None
    def setUp(self):
        self.driver = webdriver.PhantomJS(executable_path='<Path to PhantomJS>')
        url = 'http://pythonscraping.com/pages/javascript/draggableDemo.html'
        self.driver.get(url)

    def tearDown(self):
        print("Tearing down the test")

    def test_drag(self):
```

```
        element = self.driver.find_element_by_id('draggable')
        target = self.driver.find_element_by_id('div2')
        actions = ActionChains(self.driver)
        actions.drag_and_drop(element, target).perform()
        self.assertEqual('You are definitely not a bot!',
            self.driver.find_element_by_id('message').text)

if __name__ == '__main__':
    unittest.main(argv=[''], exit=False)
```

網路上的東西幾乎都能以 Python 的 `unittest` 加 Selenium 測試。事實上，結合第 13 章的圖形處理函式庫，你甚至能夠逐個元素的比對網站截圖！

第十六章

平行擷取網站

爬網站很快，至少比僱用一群工讀生剪貼資料快！當然，好還要更好，接下來人們還想要分散運算。

不像其他科技，改善爬網站不能只是“投入更多的運算”。執行一個行程很快；執行兩個行程不一定兩倍快。執行三個行程可能會被遠端伺服器禁止。

但以平行的執行緒 / 行程擷取網站還是有好處：

- 從多個來源（多個伺服器）搜集資料
- 抓資料同時對資料執行複雜的長操作（例如圖像分析或 OCR）
- 從付費網路服務搜集資料，或服務同意提供多個連結

行程與執行緒

Python 支援多行程與多執行緒。多行程與多執行緒的目標相同：同時而非循序執行兩個程式任務。

在電腦科學中，作業系統上的每個行程可以有多個執行緒。每個行程有自己的記憶體，這表示多個執行緒可以存取同一段記憶體，而行程間不能存取同一段記憶體且資料通訊必須有明確的方法。

多執行緒的程式設計一般認為比多行程簡單，但有代價。

Python 的 global interpreter lock（GIL）防止執行緒同時執行同一行程式。GIL 確保行程共用的記憶體不會遭到損害（例如記憶體位元組被兩個值各寫入一半）。多執行緒程式要靠鎖才能運作，但也可能會產生瓶頸。

多執行緒爬行

Python 3.x 使用 _thread 模組；thread 模組已經廢棄。

下面的程式示範使用多個執行緒：

```
import _thread
import time

def print_time(threadName, delay, iterations):
    start = int(time.time())
    for i in range(0,iterations):
        time.sleep(delay)
        seconds_elapsed = str(int(time.time()) - start)
        print ("{} {}".format(seconds_elapsed, threadName))

try:
    _thread.start_new_thread(print_time, ('Fizz', 3, 33))
    _thread.start_new_thread(print_time, ('Buzz', 5, 20))
    _thread.start_new_thread(print_time, ('Counter', 1, 100))
except:
    print ('Error: unable to start thread')

while 1:
    pass
```

它是經典的 FizzBuzz 程式設計題目（*http://wiki.c2.com/?FizzBuzzTest*），其輸出如下：

```
1 Counter
2 Counter
3 Fizz
3 Counter
4 Counter
5 Buzz
5 Counter
6 Fizz
6 Counter
```

此腳本啟動三個執行緒，第一個每三秒輸出“Fizz”，第二個每五秒輸出“Buzz”，第三個每秒輸出“Counter”。

執行緒啟動後，主執行緒進入 while 1 無窮迴圈直到使用者按下 Ctrl-C。

相較於輸出 fizz 與 buzz，你可以執行有用的任務，例如爬網站：

```
from urllib.request import urlopen
from bs4 import BeautifulSoup
import re
import random

import _thread
import time

def get_links(thread_name, bs):
    print('Getting links in {}'.format(thread_name))
    return bs.find('div', {'id':'bodyContent'}).find_all('a',
        href=re.compile('^(/wiki/)((?!:).)*$'))

# 定義執行緒的函式
def scrape_article(thread_name, path):
    html = urlopen('http://en.wikipedia.org{}'.format(path))
    time.sleep(5)
    bs = BeautifulSoup(html, 'html.parser')
    title = bs.find('h1').get_text()
    print('Scraping {} in thread {}'.format(title, thread_name))
    links = get_links(thread_name, bs)
    if len(links) > 0:
        newArticle = links[random.randint(0, len(links)-1)].attrs['href']
        print(newArticle)
        scrape_article(thread_name, newArticle)


# 建構兩個執行緒
try:
   _thread.start_new_thread(scrape_article, ('Thread 1', '/wiki/Kevin_Bacon',))
   _thread.start_new_thread(scrape_article, ('Thread 2', '/wiki/Monty_Python',))
except:
   print ('Error: unable to start threads')

while 1:
    pass
```

請注意這一行：

```
time.sleep(5)
```

由於比單一執行緒快兩倍，加這一行可以防止對維基伺服器增加太多的負載。實務上，若請求數量對伺服器不是問題則應該刪除這一行。

若要讓執行緒記錄收集到的文章以避免造訪兩次呢？你可以使用與單一執行緒環境相同的清單：

```
visited = []
def get_links(thread_name, bs):
    print('Getting links in {}'.format(thread_name))
    links = bs.find('div', {'id':'bodyContent'}).find_all('a',
        href=re.compile('^(/wiki/)((?!:).)*$'))
    return [link for link in links if link not in visited]

def scrape_article(thread_name, path):
    visited.append(path)
```

請注意，`scrape_article` 的第一個動作是將造訪過的路徑加入清單。它可以減少但無法完全避免爬兩次。

若兩個執行緒剛好同時爬相同路徑，雙方都會覺得該路徑還沒有爬過並於完成後都將路徑加入清單。但由於執行速度與維基的網頁數量而在實際上不太可能發生。

這是競爭狀況（race condition）的一個例子。競爭狀況的除錯對老手來說也不容易，因此評估這些狀況的可能性與嚴重性很重要。

擷取程序爬同一頁兩次這種競爭狀況可能不值得處理。

競爭狀況與佇列

雖然可以在執行緒間以清單通訊，但清單並不是特別設計用於執行緒間的溝通，且使用錯誤會導致程式變慢或競爭狀況。

清單擅長新增與讀取，但不擅長刪除任意位置的項目，特別是開頭位置。下面這一行：

```
myList.pop(0)
```

實際上需要 Python 重寫整個清單，讓程式變慢。

更危險的是清單並非執行緒安全的。舉例來說：

```
myList[len(myList)-1]
```

在多執行緒環境下可能不會取得最後一個項目，甚至在其他修改清單操作前計算 `len(myList)-1` 會拋出例外。

有些人會說這個陳述寫成 myList[-1] 更符合 “Python 風格”，沒有人會這樣寫（特別是 Java 開發者回想過去使用的 myList[myList.elngth-1] 樣式時）！以下面這些涉及清單的非執行緒安全寫法來說：

```
my_list[i] = my_list[i] + 1
my_list.append(my_list[-1])
```

它們都會導致不可預期的競爭狀況。因此我們放棄清單並以非清單變數傳遞訊息給執行緒！

```
# 從全域清單讀取訊息
my_message = global_message
# 寫回訊息
global_message = 'I've retrieved the message'
# 用 my_message 做一些事情
```

這個程式看起來還不錯，但你會發現它不能避免覆寫其他執行緒的訊息。因此你必須以某種邏輯為每個執行緒建構訊息物件序列以指出訊息的對象 ... 或使用針對這個目的設計的 Queue 模組。

資料是類似清單的物件，不是 First In First Out（FIFO）就是 Last In First Out（LIFO）。佇列透過 queue.put('My message') 接收執行緒的訊息並傳遞給呼叫 queue.get() 的執行緒。

佇列的設計不是用來儲存靜態資料，而是以執行緒安全的方式傳遞。資料從佇列取出後只會存在於讀取它的執行緒。因此它通常用於委派任務或發送暫存通知。

這對網站擷取很有用。舉例來說，若要將擷取程序搜集的資料儲存到資料庫中，你會需要每個執行緒快速的儲存資料。執行緒共用一個連線會導致問題（單一連線無法平行處理請求），但每個執行緒一個資料庫連線也不合理。擷取程序規模變大時（以數百個執行緒同時擷取數百個網站）會產生大量閒置資料庫連線。

相反的，我們可以使用少量資料庫執行緒，各自從佇列取出項目並以自己的連線儲存，如此能提供更好管理的資料庫連線。

```
from urllib.request import urlopen
from bs4 import BeautifulSoup
import re
import random
import _thread
from queue import Queue
import time
```

```
import pymysql

def storage(queue):
    conn = pymysql.connect(host='127.0.0.1', unix_socket='/tmp/mysql.sock',
        user='root', passwd='', db='mysql', charset='utf8')
    cur = conn.cursor()
    cur.execute('USE wiki_threads')
    while 1:
        if not queue.empty():
            article = queue.get()
            cur.execute('SELECT * FROM pages WHERE path = %s',
                (article["path"]))
            if cur.rowcount == 0:
                print("Storing article {}".format(article["title"]))
                cur.execute('INSERT INTO pages (title, path) VALUES (%s, %s)', \
                    (article["title"], article["path"]))
                conn.commit()
            else:
                print("Article already exists: {}".format(article['title']))

visited = []
def getLinks(thread_name, bs):
    print('Getting links in {}'.format(thread_name))
    links = bs.find('div', {'id':'bodyContent'}).find_all('a',
        href=re.compile('^(/wiki/)((?!:).)*$'))
    return [link for link in links if link not in visited]

def scrape_article(thread_name, path, queue):
    visited.append(path)
    html = urlopen('http://en.wikipedia.org{}'.format(path))
    time.sleep(5)
    bs = BeautifulSoup(html, 'html.parser')
    title = bs.find('h1').get_text()
    print('Added {} for storage in thread {}'.format(title, thread_name))
    queue.put({"title":title, "path":path})
    links = getLinks(thread_name, bs)
    if len(links) > 0:
        newArticle = links[random.randint(0, len(links)-1)].attrs['href']
        scrape_article(thread_name, newArticle, queue)

queue = Queue()
try:
    _thread.start_new_thread(scrape_article, ('Thread 1',
        '/wiki/Kevin_Bacon', queue,))
    _thread.start_new_thread(scrape_article, ('Thread 2',
        '/wiki/Monty_Python', queue,))
```

```
    _thread.start_new_thread(storage, (queue,))
except:
    print ('Error: unable to start threads')

while 1:
    pass
```

此腳本建構三個執行緒：兩個從維基隨機擷取網頁，另一個儲存資料到 MySQL 資料庫。更多 MySQL 與資料庫資訊見第 6 章。

threading 模組

Python 的 _thread 模組是相當低階的模組，能讓你管理執行緒但沒有方便的高階功能。threading 模組是高階的界面，能讓你輕鬆使用執行緒且還是有顯露底層 _thread 的所有功能。

舉例來說，你可以使用 enumerate 等靜態函式取得 threading 模組啟動的執行緒清單而無需自行記錄。activeCount 函式提供執行緒計數。許多 _thread 的函式被冠上更好記的名稱，例如以 currentThread 代替 get_ident。

下面是簡單的執行緒範例：

```
import threading
import time

def print_time(threadName, delay, iterations):
    start = int(time.time())
    for i in range(0,iterations):
        time.sleep(delay)
        seconds_elapsed = str(int(time.time()) - start)
        print ('{} {}'.format(seconds_elapsed, threadName))

threading.Thread(target=print_time, args=('Fizz', 3, 33)).start()
threading.Thread(target=print_time, args=('Buzz', 5, 20)).start()
threading.Thread(target=print_time, args=('Counter', 1, 100)).start()
```

它產生與前一個使用 _thread 的範例相同的“FizzBuzz”輸出。

threading 模組的一個好處是容易建構不能被其他執行緒存取的區域資料。若有多個執行緒爬不同網站且各自保存造訪記錄時很好用。

區域資料可於任何時間在執行緒內呼叫 threading.local() 來建構：

```
import threading

def crawler(url):
    data = threading.local()
    data.visited = []
    # 爬網站

threading.Thread(target=crawler, args=('http://brookings.edu')).start()
```

它解決執行緒共用物件時產生的競爭狀況問題。無需共用的物件應該保存在執行緒的區域記憶體中。要安全的共用物件時使用 Queue。

threading 模組的作用類似執行緒的保姆，可自定保姆的工作。isAlive 函式預設上檢查執行緒是否還活著。爬行完成（或當掉）前的值為 true。

爬行程序通常會執行一段時間。isAlive 方法可確保執行緒當掉時重新啟動：

```
threading.Thread(target=crawler)
t.start()

while True:
    time.sleep(1)
    if not t.isAlive():
        t = threading.Thread(target=crawler)
        t.start()
```

其他監控方法可透過擴充 threading.Thread 物件加入：

```
import threading
import time

class Crawler(threading.Thread):
    def __init__(self):
        threading.Thread.__init__(self)
        self.done = False

    def isDone(self):
        return self.done

    def run(self):
        time.sleep(5)
        self.done = True
        raise Exception('Something bad happened!')

t = Crawler()
```

```
t.start()

while True:
    time.sleep(1)
    if t.isDone():
        print('Done')
        break
    if not t.isAlive():
        t = Crawler()
        t.start()
```

這個新的 Crawler 類別有個 isDone 方法檢查是否完成。這在爬行完成但還有其他記錄工作要做時很好用。一般來說，isDone 可替換成某種狀態或進度——記錄了多少頁或目前頁等。

Crawler.run 拋出的例外會使此類別重新啟動直到 isDone 為 True 並結束程式。

以 threading.Thread 擴充你的爬行類別可改善它的穩定性與彈性並能同時監控多個爬行程序。

多行程爬行

Python 的 Processing 模組建構可從主行程啟動的新行程物件。下面的程式使用前面的執行緒版本 FizzBuzz 範例。

```
from multiprocessing import Process
import time

def print_time(threadName, delay, iterations):
    start = int(time.time())
    for i in range(0,iterations):
        time.sleep(delay)
        seconds_elapsed = str(int(time.time()) - start)
        print (threadName if threadName else seconds_elapsed)


processes = []
processes.append(Process(target=print_time, args=('Counter', 1, 100)))
processes.append(Process(target=print_time, args=('Fizz', 3, 33)))
processes.append(Process(target=print_time, args=('Buzz', 5, 20)))

for p in processes:
    p.start()
for p in processes:
    p.join()
```

要記得每個行程對 OS 來說是獨立的程式。若從 OS 的工作管理員檢視行程應該會看到如圖 16-1 所示的畫面。

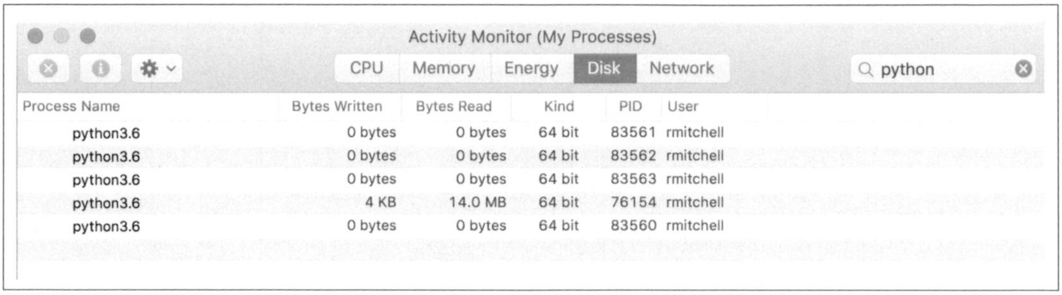

Activity Monitor (My Processes)

CPU Memory Energy Disk Network python

Process Name	Bytes Written	Bytes Read	Kind	PID	User
python3.6	0 bytes	0 bytes	64 bit	83561	rmitchell
python3.6	0 bytes	0 bytes	64 bit	83562	rmitchell
python3.6	0 bytes	0 bytes	64 bit	83563	rmitchell
python3.6	4 KB	14.0 MB	64 bit	76154	rmitchell
python3.6	0 bytes	0 bytes	64 bit	83560	rmitchell

圖 16-1 執行 FizzBuzz 時的五個 Python 行程

PID 為 76154 的行程執行 Jupyter notebook 實例，從 iPython notebook 執行時應該會看到它。83560 是主執行緒，執行此程式時啟動。PID 由 OS 依序分配。除非執行 FizzBuzz 同時有分配 PID 給其他程式，否則應該看到三個連續的 PID- 此例中為 83561、82562、83563。

這些 PID 也可以使用 os 模組查詢：

```
import os
...
# 輸出子 PID
os.getpid()
# 輸出父 PID
os.getppid()
```

每個行程應該會以 os.getpid() 輸出不同的 PID，但 os.getppid() 的父 PID 相同。

技術上，此程式有不必要的程式碼。若不加上 join 陳述：

```
for p in processes:
    p.join()
```

父行程還是會自動的終結子行程。但若要在子行程完成後執行其他程式則必須要 join。

舉例來說：

```
for p in processes:
    p.start()
print('Program complete')
```

若沒有 join 則輸出如下：

```
Program complete
1
2
```

若有 join 則程式等待子行程完成後繼續執行：

```
for p in processes:
    p.start()

for p in processes:
    p.join()
print('Program complete')
...
Fizz
99
Buzz
100
Program complete
```

若想要提早停止執行，你可以使用 Ctrl-C 來終止父行程。終結父行程也會終結子行程，因此 Ctrl-C 不會讓行程在背景繼續執行。

多行程爬行

多執行緒爬維基範例可改成使用多行程：

```
from urllib.request import urlopen
from bs4 import BeautifulSoup
import re
import random

from multiprocessing import Process
import os
import time

visited = []
def get_links(bs):
    print('Getting links in {}'.format(os.getpid()))
    links = bs.find('div', {'id':'bodyContent'}).find_all('a',
        href=re.compile('^(/wiki/)((?!:).)*$'))
    return [link for link in links if link not in visited]

def scrape_article(path):
    visited.append(path)
    html = urlopen('http://en.wikipedia.org{}'.format(path))
```

```
        time.sleep(5)
        bs = BeautifulSoup(html, 'html.parser')
        title = bs.find('h1').get_text()
        print('Scraping {} in process {}'.format(title, os.getpid()))
        links = get_links(bs)
        if len(links) > 0:
            newArticle = links[random.randint(0, len(links)-1)].attrs['href']
            print(newArticle)
            scrape_article(newArticle)

processes = []
processes.append(Process(target=scrape_article, args=('/wiki/Kevin_Bacon',)))
processes.append(Process(target=scrape_article, args=('/wiki/Monty_Python',)))

for p in processes:
    p.start()
```

同樣的，你使用 `time.sleep(5)` 故意放慢擷取程序使程式不會給維基的伺服器增加太高的負載。

此處以可於任意時間存取的 `os.getpid()` 替換使用者定義的 `thread_name`。

它產生如下的輸出：

```
Scraping Kevin Bacon in process 84275
Getting links in 84275
/wiki/Philadelphia
Scraping Monty Python in process 84276
Getting links in 84276
/wiki/BBC
Scraping BBC in process 84276
Getting links in 84276
/wiki/Television_Centre,_Newcastle_upon_Tyne
Scraping Philadelphia in process 84275
```

以獨立的行程爬行理論上比以獨立的執行緒爬行稍快，主要有兩個原因：

- 行程非 GIL 的鎖定目標且可以同時執行同一行程式並修改同一個物件（真的不同實例）。
- 行程可在多個 CPU 核心上跑，對處理器密集的行程或執行緒有好處。

但有好就有壞。前面的範例將找到的 URL 儲存在全域的 `visited` 清單中。使用多執行緒時，此清單由所有執行緒共用；另一方面，在沒有罕見的競爭狀況下，無法造訪另一個執行緒已經訪問過的網頁。但行程有獨立的清單且能夠造訪其他行程造訪過的網頁。

行程間的通訊

行程在獨立的記憶體上執行，想要共享資訊比較麻煩。

讓前面的範例輸出造訪清單就可以看到問題所在：

```
def scrape_article(path):
    visited.append(path)
    print("Process {} list is now: {}".format(os.getpid(), visited))
```

它產生如下輸出：

```
Process 84552 list is now: ['/wiki/Kevin_Bacon']
Process 84553 list is now: ['/wiki/Monty_Python']
Scraping Kevin Bacon in process 84552
Getting links in 84552
/wiki/Desert_Storm
Process 84552 list is now: ['/wiki/Kevin_Bacon', '/wiki/Desert_Storm']
Scraping Monty Python in process 84553
Getting links in 84553
/wiki/David_Jason
Process 84553 list is now: ['/wiki/Monty_Python', '/wiki/David_Jason']
```

有兩個 Python 物件可讓行程共享資訊：佇列與管道。

佇列類似前面的執行緒佇列。一個行程可將資訊放在佇列讓另一個行程取出。取出資訊後它就從佇列移除。由於佇列的設計目的是“暫存資料傳輸”，它們不適合保存“已造訪網頁”等靜態參考。

若網頁靜態清單替換成某種擷取代理程序呢？擷取程序可從佇列取出路徑（例如 */wiki/Monty_Python*）形式的任務並加入“待訪 URL”佇列給擷取代理程序處理，只有新的 URL 會加入第一個任務佇列：

```
from urllib.request import urlopen
from bs4 import BeautifulSoup
import re
import random
from multiprocessing import Process, Queue
import os
import time


def task_delegator(taskQueue, urlsQueue):
    # 為每個行程啟動一個任務
    visited = ['/wiki/Kevin_Bacon', '/wiki/Monty_Python']
```

```
    taskQueue.put('/wiki/Kevin_Bacon')
    taskQueue.put('/wiki/Monty_Python')

    while 1:
        # 檢查 urlsQueue 中是否有
        if not urlsQueue.empty():
            links = [link for link in urlsQueue.get() if link not in visited]
            for link in links:
                # 新的連結要處理
                taskQueue.put(link)

def get_links(bs):
    links = bs.find('div', {'id':'bodyContent'}).find_all('a',
        href=re.compile('^(/wiki/)((?!:).)*$'))
    return [link.attrs['href'] for link in links]

def scrape_article(taskQueue, urlsQueue):
    while 1:
        while taskQueue.empty():
            # 等待任務佇列時暫停 100ms
            # 這應該是罕見的狀況
            time.sleep(.1)
        path = taskQueue.get()
        html = urlopen('http://en.wikipedia.org{}'.format(path))
        time.sleep(5)
        bs = BeautifulSoup(html, 'html.parser')
        title = bs.find('h1').get_text()
        print('Scraping {} in process {}'.format(title, os.getpid()))
        links = get_links(bs)
        # 傳送給代理程序處理
        urlsQueue.put(links)


processes = []
taskQueue = Queue()
urlsQueue = Queue()
processes.append(Process(target=task_delegator, args=(taskQueue, urlsQueue,)))
processes.append(Process(target=scrape_article, args=(taskQueue, urlsQueue,)))
processes.append(Process(target=scrape_article, args=(taskQueue, urlsQueue,)))

for p in processes:
    p.start()
```

這個擷取程序與前面的程序在結構上有些不同。相較於每個行程或執行緒從指定的起點開始隨機爬行，它們合作爬完整個網站。每個行程從佇列取出“任務”而非自己找到的連結。

多行程爬行——另一種方式

前面討論的多執行緒與多行程爬行都假設子執行緒與行程需要某種“家長指導”。你可以將它們一次全部啟動與結束並發送訊息或在它們之間共用記憶體。

但若將擷取程序設計成無需指導或通訊呢？沒什麼理由不能這樣修改 `import_thread`。

舉例來說，若你要平行爬兩個類似的網站。你有個擷取程序可透過組態或命令列參數爬這些網站。沒什麼理由不能這麼做：

```
$ python my_crawler.py website1
```

```
$ python my_crawler.py website2
```

如此就能啟動多行程網站擷取程序且無需浪費 CPU 執行父行程！

當然，這種方式有缺點。若想要讓兩個網站擷取程序以這種方式爬同一個網站，則需要某種方式確保它們不會爬相同網頁。解決方式是建立 URL 規則（“程序 1 爬部落格，程序 2 爬產品”）或以某種方式分割網站。

此外，你可以透過某種資料庫協調。造訪新網頁前向資料庫詢問“這個網頁爬過嗎？”。爬行程序以資料庫作為通訊系統。當然，若資料庫連線很慢（遠端資料庫）可能導致競爭狀況或延遲。

你可能會發現這個方法不太能放大規模。使用 Process 模組能動態的增減行程數量或儲存資料。手動啟動必須有人來執行腳本或以管理腳本進行（bash 腳本、cron 工作等）。

但這種方法適用於小型一次性專案，特別是跨多個網站時。

第十七章

遠端擷取

前一章討論多執行緒與多行程擷取，它們之間的通訊有些限制或必須仔細規劃。這一章為這個概念做個結論——跨不同機器執行爬行程序。

這一章作為本書尾聲很合適。你已經可以從命令列在電腦上執行 Python 應用程式。你可能安裝了 MySQL 並複製伺服器環境。但這樣還不夠“解放”。

這一章討論幾種在不同機器或以同一機器但不同 IP 位址上執行腳本的方法。雖然目前可能用不到，但所需工具已經就緒（例如付費的雲端設備），且不在自己的筆記本電腦上執行擷取程序會便的多。

為何使用遠端伺服器？

除非是在自己的電腦上自用，使用遠端伺服器提供公開服務是理所當然的做法。放在遠端平台上通常有兩個原因：需要更大的運算能力與彈性以及需要不同的 IP 位址。

避免 IP 位址被阻擋

網站擷取程序的基本原則是：一切都是假的。你可以寄出假郵件、自動移動滑鼠，或從 Internet Explorer 5.0 瀏覽網站。

但 IP 位址假不了。你可以偽造寄件人為“美國總統，白宮”，但中華郵政的郵戳騙不了人。[1]

1 技術上，寄送封包的 IP 可以偽造，分散阻斷攻擊就是這麼搞，因為攻擊者不在乎接收回傳的封包（會送到偽造位址）。但網站擷取必須接收伺服器的回應，因此我們認為 IP 位址不能作假。

阻止網站擷取最有效的辦法是判斷人或機器。阻擋 IP 位址如同因噎廢食。阻止有嫌疑的 IP 位址是有效的最後手段，但有下列問題：

- IP 位址清單的維護很麻煩。輸入大網站幾乎都有程式自動維護這些清單（機器人為難機器人！），但有時候需要人力介入或監控。
- 檢查位址需要時間處理封包與比對。位址乘上封包的數量非常大。為節省時間與方便起見，管理員經常一言不合就對一組 IP 範圍趕盡殺絕。這引發了第三點。
- 阻擋 IP 位址也會誤殺忠良。舉例來說，有個網站曾經為了阻擋一個學生寫的投票灌水程式而擋了一個 IP，結果導致整個學生宿舍都不能投票。這個學生將灌水程式放到另一個伺服器上跑；同時間該網站失去了一些正常流量。

無論有何缺點，阻擋 IP 位址是網站管理員很常用的手段。若 IP 被擋，唯一的辦法是換一個 IP。這可以透過將擷取程序搬到另一個伺服器或使用 Tor 重新導向來達成。

可攜性與可擴充性

有些工作靠家用電腦與網路做不來。雖然你不想增加單一網站的負載，但擷取多個網站需要大頻寬與儲存體。

還有，卸下運算工作可解放你的電腦去做更重要的工作（打遊戲）。你無需擔心電力與網路（從咖啡店上網啟動就可以走了，它會繼續執行），且在任何可以上網的地方都可以存取擷取資料。

若應用程式需要的運算能力超過一台雲端虛擬機器，你也可以考慮**分散式運算**。它能夠以多台機器平行完成目標。舉例來說，你可以用一台機器爬一組網站，用另外一台爬另外一組網站。

當然，如前一章所述，很多人可以寫出 Google 搜尋，但很少人能做到同樣的規模。分散運算不在本書討論範圍，但學習如何在遠端伺服器執行應用程式是第一步。

Tor

簡稱 *Tor* 的 The Onion Router 網路可將多層（因此稱為洋蔥）流量重新導向到不同伺服器以隱藏來源。資料在進入此網路前加密因此無法偷窺。此外，雖然個別伺服器可能被破解，但要破解整個路徑上的所有伺服器才可能知道通訊的收發方——幾乎不可能。

人權工作者與揭秘人經常使用 Tor 與記者通訊。當然，非法活動也會使用 Tor，因此它經常受到監視（雖然不是很成功）。

Tor 的隱匿限制性

雖然本書使用 Tor 的目的是改變 IP 位址而非完全隱匿，但最好還是要了解一下 Tor 的限制。

你可以假設 Tor 可以隱藏你的 IP 位址而無法追蹤到你，但你發出的資訊還是可以出賣你。舉例來說，登入 Gmail 賬號後在 Google 上的搜尋還是會與你的賬號連結。

除此之外，登入 Tor 本身就可能傷害你的隱匿性。曾經有個學生為了拖延期末考而透過 Tor 寄炸彈威脅信給學校。學校調查發現這段期間只有一台登記過的電腦使用 Tor 網路。雖然不能確定目的（只知道它使用了 Tor），但這些證據就足以揪出這名學生。

登入 Tor 不保證隱匿，也不能讓你為所欲為。雖然是個好工具，但要謹慎合理使用。

使用 Tor 必須安裝。幸好 Tor 很容易安裝與使用。到 Tor 的下載頁（*https://www.torproject.org/download/download*）下載、安裝、開啟就連上了！要記得使用 Tor 時網路感覺上會變慢，因為它可能會繞地球好幾圈！

PySocks

PySocks 模組能將流量導向代理伺服器，可配合 Tor 使用。你可以從它的網站下載（*https://pypi.python.org/pypi/PySocks/1.5.0*）或使用第三方模組管理員安裝。

雖然沒有很多文件，但使用很簡單。Tor 服務必須在 9150 埠執行（預設埠）：

```
import socks
import socket
from urllib.request import urlopen

socks.set_default_proxy(socks.SOCKS5, "localhost", 9150)
socket.socket = socks.socksocket
print(urlopen('http://icanhazip.com').read())
```

http://icanhazip.com 僅顯示用戶的 IP 位址。執行此腳本時，它應該會顯示不是你自己的而是別的 IP 位址。

若要配合使用 Selenium 與 PhantomJS，則無需 PySocks- 只需執行 Tor 並加上 `service_args` 參數指定透過 9150 埠連線：

```
from selenium import webdriver
service_args = [ '--proxy=localhost:9150', '--proxy-type=socks5', ]
driver = webdriver.PhantomJS(executable_path='<path to PhantomJS>',
                             service_args=service_args)

driver.get('http://icanhazip.com')
print(driver.page_source)
driver.close()
```

同樣的，它應該會顯示不是你自己的而是別的 IP 位址。

虛擬主機

雖然隱匿性在你刷信用卡時消失，但將網站擷取程序放在虛擬主機上可以大幅改善速度。這是因為你能夠購買機器的使用時間且不再需要透過 Tor 連線。

從虛擬主機執行

若已經有個人或公司網站，你應該能夠從外部伺服器執行網站擷取程序。就算不能透過命令列執行，但還是可以透過網頁界面啟動與停止腳本。

若網站在 Linux 伺服器上跑則伺服器可能可以執行 Python。若在 Windows 伺服器上跑就不一定了；你必須檢查是否有安裝 Python 或管理員同意安裝。

大部分小虛擬伺服器業者提供 *cPanel* 進行基本管理。若有 cPanel，你可以從 Apache Handlers 新增處理程序（若沒有）：

```
Handler: cgi-script
Extension(s): .py
```

它告訴伺服器 Python 腳本應該作為 *CGI 腳本*執行。CGI 代表 *Common Gateway Interface*，是在伺服器上動態產生內容的產生。指定 Python 腳本為 CGI 腳本會讓伺服器執行腳本而不是把腳本當做內容傳送。

撰寫 Python 腳本、上傳伺服器、設定檔案權限為 755 以容許執行。要執行腳本就瀏覽上傳後的路徑（或使用擷取程序執行）。若怕被別人執行，你有兩個選項：

- 隱藏腳本的 URL 並不要從任何外部可存取的地方連結，以避免被搜尋引擎看到。
- 以密碼保護或必須傳送特定資料才能執行。

當然，從網站伺服器執行 Python 腳本有點不得已。舉例來說，你或許會發現網站擷取程序的載入有點慢。事實上，網頁會在整個擷取完成後才會載入（輸出 `print` 陳述的內容）。依你的程式撰寫方式，這可能需要幾分鐘到幾小時甚至永遠不會完成。雖然它能完成工作，但你可能想要更即時的輸出，因此還需要網頁伺服器之外的伺服器。

從雲端執行

以前程式設計師必須付費或預約才能在電腦上執行程式。個人電腦出現後就不一樣了——寫程式然後在自己的電腦上執行。如今再度回到付費買運算時間模式。

但這一次不再是買獨佔機器的時間而是運算能力。雲端系統能依使用量計價。舉例來說，成本較速度更重要時，你可以標購 Amazon 的 “spot instances”。

虛擬電腦也可以根據應用程式的需求特製，例如 “高記憶體”、“快速運算”、“大儲存體”。雖然網站擷取程序通常不會使用大量記憶體，但你可能想要更大的儲存體或快速運算。若要進行大量自然語言處理、OCR、或尋找路徑（例如六度分離問題），快速運算可能比較適合。若要擷取大量資料、儲存檔案、或大規模分析，大儲存體可能比較適合。

雖然費用才是問題，但目前每小時才 1.3 美分（Amazon EC2 micro instance），而 Google 最便宜為每小時 4.5 美分，最小 10 分鐘。由於達到經濟規模，買時數跟買機器的費用差不多——但無需雇人管理機器。

當然，設定雲端虛擬電腦不在本書討論範圍，但也不困難。Amazon 與 Google（還有數不清的小公司）將設定設計的很容易，跟著提示進行並輸入信用卡號就行。目前 Amazon 與 Google 都有提供一些免費的試用時數。

設定完成後你會取得 IP 位址、使用者賬號、SSH 連線所需的金鑰。接下來都與使用自己的機器相同——但不需擔心硬體維護與安裝監控工具。

若你不熟悉 SSH 與金鑰的處理，Google 的 Colud Platform 很容易操作。它可如圖 17-1 所示在瀏覽器中啟動 SSH 終端機。

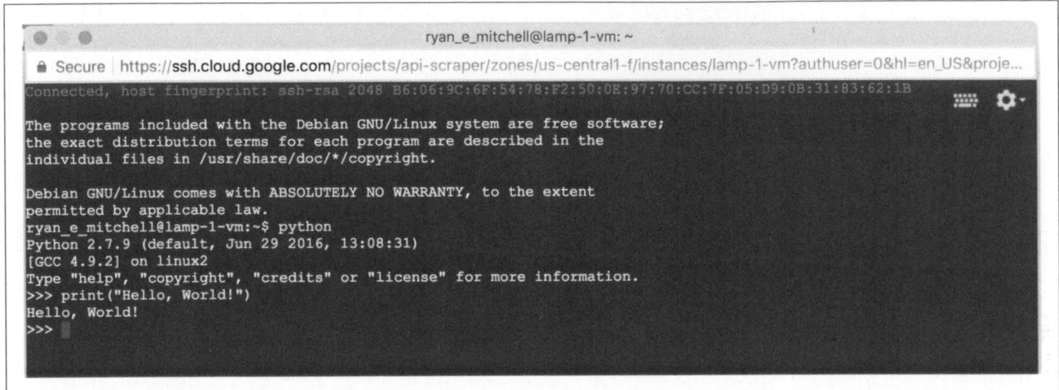

圖 17-1 Google Cloud Platform 虛擬機器的瀏覽器終端界面

其他資源

多年前，“雲端” 還需要專業知識才能運用，但現在的工具已經因競爭而大幅改善。

然而建構大規模或複雜的擷取程序平台還是需要更多的指引。

Marc Cohen、Kathryn Hurley、Paul Newson 所著的《*Google Compute Engine*》（歐萊禮）是使用 Google Colud Computing 以及 Python 與 JavaScript 的參考資源。它不僅討論 Google 的使用者界面，還包括命令列與腳本工具。

若使用 Amazon，由 Mitch garnaat 所著的《*Python and AWS Cookbook*》（歐萊禮）展示如何在 Amazon Web Services 上建構與執行可擴充的應用程式。

第十八章

網站擷取的法規與道德

軟體工程師 Pete Warden 於 2010 年寫了一個爬行程序搜集 Facebook 上大約 2 億個使用者的資料——姓名、位置、好友與興趣。Facebook 發出禁令後他就停止了。被問到為何服從，他說："大數據？便宜。律師？不便宜"。

這一章討論與網站擷取有關的美國（與一些國際）法規以及分析網站擷取的法規與道德。

有一件很明顯的事情：我是個軟體工程師而非律師。不要把我的話當做專業法律建議。雖然我有相關知識，但擷取網站前你還是應該問律師（而非軟體工程師）。

這一章的目標是提供認識與討論網站擷取合法性的框架，包括智慧財產權、未授權存取電腦、使用伺服器，並不能替代真正的法律顧問。

商標、著作權、專利

先介紹智慧財產權！智財有三種：商標（以™或®標示）、著作權（©）與專利（有時候會加上文字說明或專利編號，但通常沒有）。

專利只用於宣告發明的所有權。你不能對圖像、文字、或資訊本身宣告專利。雖然軟體模式等專利不太像"發明"，要記得有專利的是東西（或技術）- 而非專利中的資訊。除非你使用別人的設計或有人申請了一個網站擷取方法的專利，否則你不太可能因擷取網站而被告。

商標也不可能是問題，但要注意某些事情。根據美國專利商標局的說法：

> 商標是識別商品來源的字、詞、或設計。服務標章是識別服務來源的字、詞、或設計。“商標”一詞指商標與服務標章。

除了傳統的文字或符號品牌外，屬性也可是商標。舉例來說，容器的形狀（可口可樂）或顏色（金頂電池）。

不像專利，商標的所有權視使用背景而定。舉例來說，我可以在部落格發文放可口可樂商標的圖片（只要我沒暗示內容是可口可樂贊助或發出的）。但若我生產可口可樂圖樣包裝的飲料則明顯侵犯商標。同樣的，我可以用銅黑兩色包裝飲料但不能用於電池。

著作權法

商標與專利都必須正式登記。著作權則不一樣。著作權並不需要加上翻印必究字樣或以“出版”區分。你創作的東西自動取得著作權。

1886 年採用的伯恩保護文學和藝術作品公約是國際著作權標準，它基本上表示所有締約國要承認其他締約國公民的著作權。實務上，這表示美國公民侵犯法國人的著作權可究責（反之亦然）。

很明顯，網站擷取必須注意著作權。擷取別人發文放在自己的部落格上會被告。幸好，我的部落格擷取專案有好幾層保護，這要看它如何運作而定。

首先，著作權只保護創作，不包括統計或事實。幸好，很多網站擷取只抓統計與事實。雖然搜集網站上的詩詞放在你自己的網站上違反著作權，但爬網絡上的詩詞以搜集統計資訊並沒有。詩詞是創作物，詩詞中每個字出現的頻率並非創作。

完整複製價格、公司管理階層名單、事實資訊等內容（相對於統計內容資料）不一定違反著作權。

美國的數位千禧年著作權法（Digital Millennium Copyright Act）也保護著作的合理使用。DMCA 規範著作權使用規則。DMCA 具有從電子書到電話等各種東西的特定規範，其中兩條與網站擷取有關：

- 在“安全港”保護下，若來源讓你相信內容都可自由使用，但有使用者上傳了有版權的內容，你只需於收到通知後移除。
- 你不能突破安全機制（例如密碼）搜集資料。

此外，DMCA 認可符合美國法規下的合理使用，根據安全港原則，若是合理使用也可以不理會移除通知。

總而言之，不要在沒有授權下直接發佈有版權的東西。若在自己使用的資料庫儲存版權品供分析應該沒關係，但公佈該資料庫供檢視或下載就不行。分析該資料庫並公佈字數統計、作者名單、統計數據應該沒關係，加上部分摘選或簡短樣本資料作為證明也應該沒關係，但要檢查是否符合合理使用原則。

侵佔

侵佔（*Trespass to Chattels*）基本上與適用於動產（例如伺服器）的"侵佔"不同。它是存取或使用以某種方式阻止你存取或使用的財產。

在雲端計算的年代，你有時候會覺得網頁伺服器不算真正的資源。但伺服器不只是由有價的元件組成，它們還需要場所、監控、電力。有研究顯示電腦佔用全球 10% 的電力[1]。（看自家的電錶不準，還要考慮到 Google 的機房或挖礦）。

雖然伺服器不是便宜的資源，但從法律來看，網站主人通常希望別人來消耗資源（瀏覽網站）；他們只是不希望消耗太多資源。用瀏覽器看沒問題；發動 DDOS 攻擊就不行。

網站擷取程序構成侵佔有三個條件：

未同意

由於網站伺服器開放給所有人，通常也"同意"網站擷取。但許多網站的使用條款明文禁止擷取程序。此外，提出禁令後就將同意取消了。

實際損害

伺服器有價。除了伺服器本身外，若擷取程序搞死伺服器或不能服務其他使用者就形成了"損害"。

故意

自己寫的程式自己心裡有數！

1 Bryan Walsh, "The Surprisingly Large Energy Footprint of the Digital Economy [UPDATE]" (*http://ti.me/2IFOF3F*), TIME.com, August 14, 2013.

擷取程序構成侵佔必須符合上述三個條件。若違反服務條款而無實際損害還是有法律問題。你可能會違反著作權、DMCA、電腦欺詐和濫用法（稍後討論），或其他適用法律。

節制你的機器人

以前的網頁伺服器比個人電腦更有力。事實上，伺服器的意思有一部分是**大電腦**。如今的情況不同。我的個人電腦有 3.5GHz 處理器與 8GB 的記憶體。相較之下，Amazon 的中型實體只有 3GHz 的處理器與 4GB 的記憶體。

有還不錯的網路頻寬時，專用的個人電腦也可以搞垮多個網站。除非緊急狀況，否則沒必要急著抓資料。

有時候晚上放著慢慢抓比白天下載更好，理由是：

- 就算兩秒抓一頁，八個小時也能抓 14000 頁。不急時無需趕進度。
- 目標網站的流量晚上或許比較低，你的爬行程序不必跟大家一起擠。
- 不用一直檢查。一覺醒來又有新資料！

考慮以下情境：

- 爬某個大網站，搜集部分或全部資料。
- 爬數百個小網站，搜集部分或全部資料。
- 爬非常大的網站，例如維基百科。

第一個情境中，最好的方式是讓機器人慢慢爬一晚。

第二個情境中，最好是交替爬網站而非一次爬完一個。在這種方式下，你可以全速爬資料，但個別網站的負載是合理的。

你可以用程式控制多個執行緒（每個執行緒爬一個網站並暫停執行）或使用 Python 的清單記錄。

第三個情境中，家用網路與電腦不太可能會製造維基的困擾，但若使用多個連線與機器就不一樣了。要謹慎並征詢對方意見。

電腦欺詐和濫用法

1980 年代電腦開始進入商業世界。接下來病毒與蠕蟲不只是很討厭（惡搞）還會造成財務損失，所以在 1986 年制定出電腦欺詐和濫用法。

雖然你可能會認為這只是針對攻擊，但它也隱含了網站擷取。想象一個爬行程序掃描網站找尋容易猜密碼的登入表單或機密資料，這些行動從電腦欺詐和濫用法來說都是違法的。

此方案定義七種犯罪行為，歸納如下：

- 未經授權存取美國政府的電腦並取得資料
- 未經授權存取電腦並取得財務資料
- 未經授權存取美國政府的電腦並影響使用
- 破解保護存取電腦
- 未經授權存取電腦並導致損害
- 分享或流通美國政府使用的電腦資訊或影響州際或國外商業的電腦的密碼或授權信息
- 損害或威脅損害受保護電腦以進行勒索

總而言之：遠離受保護的電腦，不要存取未經授權的電腦（包括伺服器），特別是政府或財務有關的電腦。

robots.txt 與服務條款

網站的 *robots.txt* 與服務條款從法律觀點來看很有意思。若網站開放存取，則管理員宣告可以與不可以用什麼軟體存取的權力是有爭議的。“可以用瀏覽器但不能使用自己寫的程式造訪這個網站”這種說法有問題。

大部分網站在每個網頁下面有服務條款的連結。服務條款內容不只有網站擷取程序與自動化存取的規則；它通常包括該網站搜集資訊、如何運用與免責的說明。

若曾經處理過搜尋引擎最佳化（SEO），你應該聽過 robots.txt 檔案。任何大網站在根目錄下都有 robots.txt 檔案：*http://website.com/robots.txt*。

robots.txt 檔案的語法於 1994 年因搜尋技術的爆發而開發，相較於 Yahoo! 等依主題分類的網站清單，當時 AltaVista 與 DogPile 等搜尋引擎會爬整個網站。搜尋引擎的競爭不只使爬行程序數量暴增，它們搜集到的資訊也是。

雖然我們現在已經習慣了，但自己的網站的內容出現在搜尋引擎的搜尋結果首頁讓當時的網站管理員震驚，因此出現了稱為 Robots Exclusion Standard 的 *robots.txt* 檔案語法。

不像說人話的服務條款，*robots.txt* 是給機器人解讀的。雖然它似乎是解決機器人爬網站的完美解決方案，但：

- *robots.txt* 語法沒有管理標準的組織。大家都遵循常見慣例，但任何人都可以建立自定版本的 *robots.txt*（只是沒有人會理會）。慣例會被廣泛的接受主要是因為相對簡單明白且沒有理由另立標準或改版。
- *robots.txt* 不是硬性規定。它只是表示："請勿搜尋這些目錄"。許多網站擷取函式庫預設遵循 *robots.txt*（但可以改變）。此外，遵循 *robots.txt* 通常比較麻煩，不如全部抓下來。

Robot Exclusion Standard 語法相當簡單。註解如同 Python（與其他語言）以 # 符號開始並可以放在檔案中任何地方。

註解以外的檔案第一行是 `User-agent:`，它指定適用規則的程式。接下來是指定機器人是否可以進入的 `Allow:` 與 `Disallow:` 規則。星號（`*`）代表萬用字元，可用於 `User-agent` 或 `URL`。

若兩條規則相抵觸則使用後面的規則。舉例來說：

```
#Welcome to my robots.txt file!
User-agent: *
Disallow: *

User-agent: Googlebot
Allow: *
Disallow: /private
```

所有機器人都不能爬，但 Googlebot 可以爬 /private 目錄以外的地方。

Twitter 的 *robots.txt* 對 Google、Yahoo!、Yandex（俄羅斯的搜尋引擎）、Microsoft 與其他機器人或搜尋引擎都有明確的規定。Google 的部分（與其他機器人相同）如下：

```
#Google Search Engine Robot
User-agent: Googlebot
Allow: /?_escaped_fragment_

Allow: /?lang=
Allow: /hashtag/*?src=
Allow: /search?q=%23
Disallow: /search/realtime
Disallow: /search/users
Disallow: /search/*/grid

Disallow: /*?
Disallow: /*/followers
Disallow: /*/following
```

請注意，Twitter 限制了 API 的存取，因為 Twitter 的 API（有些需付費）必須防止其他人再利用。

雖然看起來是限制，但另一方面也對爬行程序的開發有益。若 *robots.txt* 不允許爬網站的特定部分，基本上就表示開放爬其他部分（否則一開始就全部不允許不就好了嗎）。

舉例來說，維基的 *robots.txt* 針對網站擷取程序的部分（相對於搜尋引擎）就寫的很好。它甚至加上人可以懂的註解來表示歡迎爬網站（我們！）且只限制登入、搜尋與“隨機主題”等少數幾頁：

```
#
# Friendly, low-speed bots are welcome viewing article pages, but not
# dynamically generated pages please.
#
# Inktomi's "Slurp" can read a minimum delay between hits; if your bot supports
# such a thing using the 'Crawl-delay' or another instruction, please let us
# know.
#
# There is a special exception for API mobileview to allow dynamic mobile web &
# app views to load section content.
# These views aren't HTTP-cached but use parser cache aggressively and don't
# expose special: pages etc.
#
User-agent: *
Allow: /w/api.php?action=mobileview&
Disallow: /w/
Disallow: /trap/
Disallow: /wiki/Especial:Search
Disallow: /wiki/Especial%3ASearch
Disallow: /wiki/Special:Collection
```

```
Disallow: /wiki/Spezial:Sammlung
Disallow: /wiki/Special:Random
Disallow: /wiki/Special%3ARandom
Disallow: /wiki/Special:Search
Disallow: /wiki/Special%3ASearch
Disallow: /wiki/Spesial:Search
Disallow: /wiki/Spesial%3ASearch
Disallow: /wiki/Spezial:Search
Disallow: /wiki/Spezial%3ASearch
Disallow: /wiki/Specjalna:Search
Disallow: /wiki/Specjalna%3ASearch
Disallow: /wiki/Speciaal:Search
Disallow: /wiki/Speciaal%3ASearch
Disallow: /wiki/Speciaal:Random
Disallow: /wiki/Speciaal%3ARandom
Disallow: /wiki/Speciel:Search
Disallow: /wiki/Speciel%3ASearch
Disallow: /wiki/Speciale:Search
Disallow: /wiki/Speciale%3ASearch
Disallow: /wiki/Istimewa:Search
Disallow: /wiki/Istimewa%3ASearch
Disallow: /wiki/Toiminnot:Search
Disallow: /wiki/Toiminnot%3ASearch
```

你可以決定是否遵循 *robots.txt*，但我建議要遵循，特別是任意爬網路時。

三個案例

由於網站擷取有很多層面，你不小心就可能會遇到法律上的麻煩。下面三個案例展示網站擷取常見的法律問題。

eBay 對 Bidder's Edge 與侵佔

1997 年嬰兒用品市場蓬勃發展，網路火熱，線上競標正冒出頭。Bidder's Edge 這家比價公司搜集所有競標資料（例如手機）並引導你到最低價網站。

Bidder's Edge 靠一群網站擷取程序持續爬各種競標網站來搜集資料，其中最大的是 eBay，而 Bidder's Edge 每天要查詢 eBay 的伺服器約 100000 次。以現在的標準來說這也算多。據 eBay 所述，這佔當時流量的 1.53%。

eBay 向 Bidder's Edge 發出禁令並提議對方購買資料但協商失敗，而 Bidder's Edge 還是繼續爬 eBay 的網站。

eBay 嘗試阻擋 Bidder's Edge 的 169 個 IP- 但 Bidder's Edge 能夠透過代理伺服器繞開（使用代理伺服器的 IP）。這對雙方都不是好辦法 -Bidder's Edge 必須不停換代理伺服器而 eBay 必須不停更新防火牆名單（還有檢查每個封包）。

eBay 最終於 1999 年十二月對 Bidder's Edge 提告。

由於 eBay 的伺服器是有價值的資源且未同意 Bidder's Edge 的非正常使用，以侵佔提告應該沒錯。事實上，網站擷取案件通常都以侵佔提告，它被認為是 IT 法律。

法院裁決 eBay 必須提出兩項證據：

- Bidder's Edge 未獲得使用 eBay 資源的授權
- eBay 因 Bidder's Edge 的行動而遭受財務損失

eBay 發出的禁令與伺服器記錄是可以作為證據，但打官司不容易：反控、律師費用，雙方最終在 2001 年三月達成和解。

所以這表示未經授權存取他人的伺服器一定就是侵佔嗎？不一定。Bidder's Edge 是個特殊案例；它使用 eBay 的資源而使得該公司不得不購買額外的伺服器、電力、人力（1.53% 看起來不多，但對大公司就不是一筆小數目）。

加州法院在 2003 年對 Intel 控告前員工 Hamidi 以 Intel 的伺服器發送郵件給 Intel 的員工的判決做出說明：

> Intel 的敗訴並非因為電子郵件有豁免權，而是侵佔必須證明損害。

基本上，Intel 無法證明 Hamidi 寄出六封電子郵件給所有員工（可選擇退出名單——至少他很有禮貌！）造成財務損失。這並沒有剝奪 Intel 任何財產或使用其財產的權力。

美國政府控告 Auernheimer 與電腦欺詐和濫用法案

若資訊可以由人透過瀏覽器存取，則透過機器人自動化存取相同資訊不太可能會有法律問題。由人發現的小安全漏洞在自動化擷取程序加入後可以很快的變成大問題。

Andrew Auernheimer 與 Daniel Spitler 在 2010 年造訪 AT&T 的網站時發現它會重導 iPad 到帶有其 ID 的 URL：

```
https://dcp2.att.com/OEPClient/openPage?ICCID=<idNumber>&IMEI=
```

這個網頁包含登入表單與使用者的電子郵件地址，能讓使用者輸入密碼來存取個人賬戶。

擷取程序可以由此搜集 iPad 的 ID 與電子郵件地址。AT&T 基本上透過此登入功能洩露其客戶的電子郵件地址。

Auernheimer 與 Spitler 寫了一個擷取程序搜集 114000 個電子郵件地址，其中包括名人、CEO、政府官員。Auernheimer（Spitler 沒有參與）將此名單與方法寄給 Gawker Media 報導公佈（不含名單），文章標題為 "Apple 的安全漏洞：114000 名 iPad 使用者資料外洩"。

2011 年六月 FBI 到 Auernheimer 家中突襲搜索並以毒品罪名將其逮捕。2010 年十一月他因身分詐騙與非法存取電腦罪名被判 41 個月並需歸還 $73000。

他的案子受到人權律師 Orin Kerr 的關注並加入上訴團隊。2014 年四月 11 日法院判決上訴成功（法律程序有時很花時間）：

> 一審判決必須推翻，因為造訪公開網站不是電腦欺詐和濫用法案所定義的未經授權存取。AT&T 沒有使用密碼或其他安全機制保護客戶電子郵件地址。AT&T 不能將存取資料當做 "偷竊"。該公司將資料放在每個人都可以存取的伺服器上就是授權大眾檢視。透過 AT&T 公開的伺服器存取這些電子郵件地址對 CFAA 來說是有授權而非犯罪。

因此 Auernheimer 當天就獲釋，從此過著幸福快樂的日子。

雖然 Auernheimer 最終被判並未違反電腦欺詐和濫用法，但他家已遭搜索，花了很多錢打官司，並坐了三年牢。我們這些網站擷取業者從中獲得了什麼教訓？

擷取個人資料（此例中為電子郵件地址）、商業秘密、政府機密最好有律師罩你。就算是公開的資料，要思考："一般使用者能存取嗎？" 或 "該公司希望你看到嗎？"。

有時候我會報告網站與網路應用程式的漏洞："喂，你好，林北是網路安全專家，我發現你們公司網站的漏洞，請幫我轉接負責人"。除了滿足（白帽）駭客的虛榮心外，你可能還會被獎勵、表揚、或收到精美小禮物！

此外，Auerhneimer 讓 Gawker Media 發表（在通知 AT&T 前）使他被 AT&T 的律師盯上。

若你發現漏洞，最好通知網站主人而非媒體。你可能很想公佈，但要記得那是該公司而非你的責任。最好讓你的網站擷取程序（與生意）遠離該網站！

Field 對 Google：著作權與 robots.txt

律師 Blake Field 控告 Google 在他從網站移除他的著作後還是顯示其內容而侵犯著作權。著作權法規定創造者有權控制著作的發佈。Field 主張 Google 的快取（從網站移除後）損害他控制發佈的權力。

Google 的快取

Google 的網站擷取程序（又稱為 *Google* 的機器人）爬網站並複製內容到網際網路上。你可以透過下面的 URL 存取這一份快取：

```
http://webcache.googleusercontent.com/search?q=cache:http://
pythonscraping.com/
```

若你要抓的東西不在，可以看看快取有沒有保存！

明知道 Google 有快取且沒有採取行動對 Filed 提告不利，畢竟他可以用 robots.txt 表示什麼東西可以擷取。

更重要的是，法院認為 DMCA 的安全港原則容許 Google 快取與顯示 Filed 的網站內容："服務供應商暫時儲存內容免責"。

前進

網路持續改變。傳輸影像、文字與其他資料的技術經常改變或創新。要跟上節奏，擷取資料的技術也必須改變。

誰知道這本書未來會不會拿掉 JavaScript 部分並改為其他技術。但不變的是擷取網站（或未來的"網站"）的心態與方法。

進行網站擷取專案前應該要自問：

- 我想要回答或解決的問題是什麼？
- 我要什麼資料？它在哪裡？
- 網站如何顯示資料？我可以分辨網站的哪一個部分有我要的資料嗎？
- 如何分離與讀取資料？
- 要怎麼處理或分析才能讓它更有用？
- 怎麼做才能更好、更快、更強？

此外，你不只要知道本書討論的工具，還要知道如何搭配以解決更大的問題。有時候資料很容易讀取，有時候比較麻煩。

舉例來說，第 11 章討論結合 Selenium 函式庫與 OCR 來處理 Ajax 載入的圖片。維基的六度分離問題使用正規表示擷取連結並使用圖演算法回答問題。

自動化搜集資料很少有無解的問題，只要記得：網路是使用者界面有點爛的 API。

索引

※ 提醒您：由於翻譯書排版的關係，部分索引名詞的對應頁碼會和實際頁碼有一頁之差。

A

acknowledgments, xv（確認，XV）
action chains（動作鏈）, 213
ActionScript（動作腳本）, 147
addresses（地址）, 149, 161
Ajax（Asynchronous JavaScript and XML）（AJAX（異步 JavaScript 和 XML））
  dealing with（處理）, 151
  purpose of（目的）, 150
allow-redirects flag（重定向標誌）, 37
Anaconda package manager（蟒蛇包管理器）, 61
anonymizing traffic（匿名交通）, 236
APIs（application programming interfaces）（API（應用程式界面））
  benefits and drawbacks of, x（好處，x 的缺點）, 167
  combining with other data sources（與其他資料源組合）, 172-174
  HTTP methods and（HTTP 方法和）, 162
  overview of（的概述）, 160
  parsing JSON（JSON 解析）, 165
  resources for learning more（學習更多資源）, 174
  undocumented APIs（無文件的 API）, 166-172
  well-formatted responses from（從格式良好的反應）, 163
ASCII（ASCII）, 98
AttributeError（AttributeError 的）, 10
attributes argument（屬性參數）, 15
attributes, accessing（屬性，存取）, 26
attributions, xiii（歸屬，十三）
authentication（認證）
  HTTP basic access authentication（HTTP 基本存取認證）, 144
  using cookies（使用 cookie）, 143, 199

B

background gradient（背景漸變）, 181
bandwidth considerations（頻寬的考慮）, 28-29
BeautifulSoup library（BeautifulSoup 函式庫）
BeautifulSoup objects in（BeautifulSoup 物件）, 8, 18
  Comment objects in（在評論的物件）, 18
  find function（函式）, 15-18, 48
  find_all function（find_all 函式）, 14-18, 48
  .get_text()（.get_text）, 14, 78
  installing（安裝）, 5
  lambda expressions and（lambda 表達式和）, 27
  NavigableString objects in（在 NavigableString 物件）, 18
  navigating trees with（導航與樹）, 18-22
  parser specification（解析器規範）, 8
  role in web scraping（在網頁抓取角色）, 5
  running（賽跑）, 7
  select function（選擇函式）, 48
  Tag objects in（在標籤物件）, 14, 18
  using regular expressions with（使用正則表達式）, 26
Bidder's Edge（競價人鋒芒）, 248
bots（機器人）

anti-bot security features（防機器人的安全函式）, 202-204
being identified as（被認定為）, 196
defending against（防禦）, 197
defined, x（定義，X）
drag-and-drop interfaces and（拖和拖放界面和）, 215
registration bots（註冊機器人）, 193
web forms and（Web Forms 和）, 145
box files（文件盒）, 190
breadth-first searches（廣度優先搜索）, 129
BrowserMob Proxy library（BrowserMob 代理庫）, 169
bs.find_all()（bs.find_all）, 14
bs.tagName（bs.tagName）, 14
BS4 (BeautifulSoup 4 library)（BS4（BeautifulSoup 4 庫））, 3, 5
buildWordDict（buildWordDict）, 127

C

CAPTCHAs
common properties of（的公共屬性）, 193
drag-and-drop interfaces and（拖和拖放界面和）, 215
meaning of（的意思）, 189
purpose of（目的）, 177
retrieving CAPTCHAs and submitting solutions（回答）, 193
training Tesseract to read（訓練正方體閱讀）, 190-193
types of（種類）, 189
CGI (Common Gateway Interface)（CGI（通用網關界面））, 238
checkboxes（複選框）, 141
child elements, navigating（子元素，導航）, 19
class attribute（類屬性）, 16
cleanInput（cleanInput）, 114, 115
cleanSentence（cleanSentence）, 114
client-side redirects（客戶端重定向）, 37
client-side scripting languages（客戶端腳本語言）, 147
cloud computing instances（雲計算實例）, 239
Cloud Platform（雲計算平台）, 239
code samples, obtaining and using（碼樣本，獲得和使用）, ix, xiii, 40, 64, 179
colons, pages containing（包含冒號，頁）, 34
Comment objects（評論的物件）, 18
comments and questions, xiv（意見和問題，XIV）
compute instances（計算實例）, 239
Computer Fraud and Abuse Act (CFAA)（計算機欺詐與濫用法案（CFAA））, 244, 249
connection leaks（連接洩漏）, 86
connection/cursor model（連接 / 光標模型）, 86
contact information, xiv（聯繫信息，XIV）
Content class（內容類）, 47-49, 52
content, collecting first paragraphs（內容，收集第一段落）, 35
cookies（餅乾）, 143, 199
copyrights（版權）, 240-243, 250
Corpus of Contemporary American English（當代美國英語語料庫）, 123
cPanel（的 cPanel）, 238
CrawlSpider class（CrawlSpider 類）, 63
cross-domain data analysis（跨域資料分析）, 38
CSS (Cascading Style Sheets)（CSS（層疊樣式表））, 14
CSV (comma-separated values) files（CSV（逗號分隔值）文件）, 77-79, 102-104, 164
Ctrl-C command（按 Ctrl-C 命令）, 65

D

dark web/darknet（暗網 / 暗網）, 33
data cleaning（資料清洗）
cleaning in code（清潔代碼）, 110-114
cleaning post-collection（清掃收集後）, 115-119
data normalization（資料標準化）, 114-115
data filtering（資料過濾）, 117
data gathering (see also web crawlers; web crawling models)（資料收集（見網路爬蟲；網頁抓取機型））

across entire sites（橫跨整個網站）, 35-37
avoiding scraping traps（避免爬陷阱）, 196-205, 235
benefits of entire site crawling for（整個網站爬行的好處）, 33
cautions against unsavory content（針對令人討厭的內容注意事項）, 38
cleaning dirty data（清洗髒資料）, 110-119
cross-domain data analysis（跨域資料分析）, 38
from non-English languages（來自非英語語言）, 100
nouns vs. verbs and（名詞與動詞和）, 136
planning questions（規劃問題）, 38, 44, 58, 251
reading documents（讀文件）, 95-108
data mining, ix（資料挖掘）
data models（資料模型）(see also web crawling models)（(另見網頁檢索模型)）, 46
data storage（資料存儲）
CSV format（CSV 格式）, 77-79
database techniques and good practices（資料庫技術和良好做法）, 88-89
email（電子郵件）, 93-94
media files（媒體文件）, 75-77
MySQL（MySQL 的）, 79-92
selecting type of（的選擇類型）, 75
data transformation（資料轉換）, 118
DCMA (Digital Millennium Copyright Act)（DCMA（數字千年版權法案））, 242
deactivate command（取消命令）, 7
debugging（除錯）
adjusting logging level（調整日誌記錄級別）, 73
human checklist（人清單）, 204
deep web（深網）, 33
DELETE requests（DELETE 請求）, 162
descendant elements, navigating（後代元素，導航）, 19
developer tools（開發者工具）, 141
dictionaries（字典）, 88, 127
directed graph problems（向圖問題）, 128
dirty data (see data cleaning)（髒資料（見資料清洗））
distributed computing（分佈式計算）, 236
documents（文件）
CSV files（CSV 文件）, 102-104
document encoding（文件編碼）, 95
Microsoft Word and .docx（Microsoft Word 和 .DOCX）, 105-108
PDF files（PDF 文件）, 104-105
scanned from hard copies（從硬拷貝掃描）, 177
text files（文字文件）, 97-102
.docx files（.DOCX 文件）, 105-108
drag-and-drop interfaces（拖和拖放界面）, 214-216
Drupal（Drupal 的）, 189
duplicates, avoiding（重複，避免）, 34
dynamic HTML (DHTML)（動態 HTML（DHTML））, 150-151

E

eBay, 248
ECMA International's website（ECMA 國際網站）, 102
EditThisCookie（EditThisCookie）, 200
email（電子郵件）
identifying addresses using regular expressions（使用正則表達式標識地址）, 25
sending in Python（發送在 Python）, 93-94
encoding（編碼）
document encoding（文件編碼）, 95
text encoding（文字編碼）, 98-102
endpoints（端點）, 161
errata, xv（勘誤表，XV）
escape characters（轉義字符）, 112
ethical issues (see legal and ethical issues)（倫理問題（見法律和道德問題））
exception handling（例外處理）, 9-12, 32, 37, 40
exhaustive site crawls（詳盡的網站抓取）
approaches to（接近）, 33
avoiding duplicates（避免重複）, 34
data collection（資料採集）, 35-37
overview of（的概述）, 32-35

eXtensible Markup Language (XML)（可擴展標記語言（XML）), 163
external links（外部鏈接）, 38-41

F

file uploads（文件上傳）, 142
filtering data（過濾資料）, 117
find()（找）, 15-18, 48
find_all ()（找到所有）, 14-18, 48
find_element function（find_element 函式）, 154
find_element_by_id（find_element_by_id）, 152
First In First Out (FIFO)（先入先出（FIFO）), 222
FizzBuzz programming test（FizzBu??zz 編程測試）, 219
Flash applications（Flash 應用程序）, 147
forms and logins（表單和登錄）
  common form security features（常見的安全函式）, 202-204
  crawling with GET requests（用 GET 請求爬行）, 138
  handling logins and cookies（處理登錄和餅乾）, 143, 199
  HTTP basic access authentication（HTTP 基本存取認證）, 144
  malicious bots warning（惡意機器人警告）, 145
  Python Requests library（Python 的請求庫）, 138
  radio button and checkboxes（單選按鈕，複選框）, 141
  submitting basic forms（提交基本表單）, 139
  submitting files and images（提交文件和圖片）, 142
FreeGeoIP（FreeGeoIP）, 161
front-end website testing（前端網站測試）
  automating（自動化）, 206
  unit tests（單元測試）, 207
  unittest module（單元測試模組）, 207-212, 215
  using Selenium（使用 Selenium）, 212-216

G

GeoChart library（GeoChart 庫）, 172
GET requests（GET 請求）
  APIs and（API 和）, 162
  crawling through forms and logins with（通過表單和登錄與爬行）, 138
  defined（定義）, 2
getLinks（getLinks）, 30
getNgrams（getNgrams）, 112
get_cookies()（get_cookies）, 200
get_text()（get_text）, 14, 78
GitHub（GitHub 上）, 64
global interpreter lock (GIL)（全局解釋鎖（GIL）), 219
global libraries（全球函式庫）, 6
global set of pages（全局設置頁面）, 34
Google（谷歌）
  APIs offered by（通過的 API 提供）, 161
  Cloud Platform（雲計算平台）, 239
  GeoChart library（GeoChart 庫）, 172
  Google Analytics（谷歌分析）, 149, 200
  Google Maps（谷歌地圖）, 149
  Google Refine（谷歌瑞風）, 115
  origins of（的起源）, 37
  page-rank algorithm（網頁排名算法）, 125
  reCAPTCHA（驗證碼）, 189
  Reverse Geocoding API（反向地址解析 API）, 150
  Tesseract library（正方體庫）, 178
  web cache（Web 緩存）, 250
GREL（GREL）, 118

H

h1 tags（H1 標籤）
  inconsistent use of（不一致的使用）, 43
  retrieving（檢索）, 7
HAR (HTTP Archive) files（HAR（HTTP 歸檔）文件）, 171
headers（頭）, 198
headless browsers（無頭的瀏覽器）, 151

hidden input field values（隱藏的輸入字段值），202
hidden web（隱藏的網路），32
Homebrew（家釀），81, 178
honeypots（蜜罐），202-204
hotlinking（盜鏈），75
HTML (HyperText Markup Language)（HTML（超文字標記語言））
  avoiding advanced parsing（避免了先進的解析），13
  fetching single HTML tables（取單 HTML 表格），79
html.parser（html.parser），8
html.read()（html.read），7
html5lib（html5lib），9
HTTP basic access authentication（HTTP 基本存取認證），144
HTTP headers（HTTP 頭），198
HTTP methods（HTTP 方法），162
HTTP response codes（HTTP 回應代碼）
  403 Forbidden error（403 禁止錯誤），205
  code 200（碼 200），164
  handling error codes（處理錯誤代碼），9-12
humanness, checking for（為人，檢查），199, 202-205, 235
hyphenated words（連字符的單詞），115

I

id attribute（id 屬性），16
id columns（ID 列），88
image processing and text recognition（圖像處理和文字識別）
  adjusting images automatically（自動調整圖像），183-186
  cleaning images（清潔圖像），182
  image-to-text translation（圖像到文字的翻譯），177
  libraries for（函式庫），177-180
  processing well-formatted text（處理好格式的文字），180-189
  scraping text from images on websites（擷取文字），186-189
  submitting images（提交圖片），142
implicit waits（隱等待），154
indexing（索引），88
inspection tool（檢測工具），141, 167
intellectual property（知識產權），240
intelligent indexing（智能索引），88
Internet Engineering Task Force (IETF)（互聯網工程任務組（IETF）），97
IP addresses（IP 地址）
  avoiding address blocks（避免地址塊），235-237
  determining physical location of（確定的物理位置），161, 172
ISO-encoded documents（ISO 編碼的文件），100
items（項目）
  creating（創建），68
item pipeline（管道項目），70-73
  outputting（輸出），69

J

JavaScript（JavaScript 的）
  Ajax and dynamic HTML（Ajax 和動態 HTML），150-157
  applications for（應用程序），147
  common libraries（公共庫），148-150
  effect on web scraping（在網頁抓取效果），158
  executing in Python with Selenium（在 Python 執行），151-157
  handling cookies with（處理與餅乾），199
  introduction to（簡介），147
  redirects handling（處理重定向），157
JavaScript Object Notation (JSON)
  API responses using（使用 API?? 回應），163
  parsing（解析），165
jQuery library（jQuery 庫），148
Jupyter notebooks（Jupyter 筆記本），64, 208

K

keyword argument（關鍵字參數）, 16

L

lambda expressions（lambda 表達式）, 27
language encoding（語言編碼）, 99
Last In First Out (LIFO)（後進先出（LIFO））, 222
latitude/longitude coordinates（緯度 / 經度坐標）, 149
legal and ethical issues（法律和道德問題）
advice disclaimer regarding（關於免責聲明）, 240
case studies in（在案例研究）, 248-251
Computer Fraud and Abuse Act（計算機欺詐和濫用法）, 244, 249
hotlinking（盜鏈）, 75
legitimate reasons for scraping（正當理由爬）, 196
robots.txt files（robots.txt 文件的）, 245
scraper blocking（爬板阻塞）, 70, 196
server loads（伺服器負載）, 28-29, 244
trademarks, copyrights, and patents（商標，版權和專利）, 240-243, 250
trespass to chattels（侵犯他人動產）, 243, 248
web crawler planning（網路爬蟲規劃）, 38, 251
lexicographical analysis（辭書分析）, 133
limit argument（極限參數）, 16
LinkExtractor class（LinkExtractor 類）, 65
links（鏈接）
collecting across entire sites（橫跨整個網站收集）, 35
crawling sites through（爬行通過網站）, 54-57
discovering in an automated way（發現以自動方式）, 51
following outbound（接續）, 38
result links（結果鏈接）, 51
location pins（定位銷）, 149, 161
logging, adjusting level of（日誌記錄，調整的電平）, 73
login forms（登錄表單）, 139, 143
lxml parser（LXML 解析器）, 8

M

machine-learning（機器學習）, 136
malware, avoiding（惡意軟件，避免）, 77, 145, 197
Markov models（馬爾可夫模型）, 124-130
media files（媒體文件）
downloading（下載）, 75
malware cautions（惡意軟件警告）, 77
storage choices（存儲選擇）, 75
Mersenne Twister algorithm（梅森難題算法）, 31
Metaweb（Metaweb）, 115
Microsoft Word documents（Microsoft Word 文件）, 105-108
multithreaded programming（多執行緒編程）, 219
MySQL（MySQL 的）
basic commands（基本命令）, 82-85
benefits of（的好處）, 79
connection/cursor model（連接 / 游標模型）, 86
creating databases（創建資料庫）, 83
database techniques and good practices（資料庫技術和良好做法）, 88-89
defining columns（定義列）, 83
DELETE statements（DELETE 語句）, 85
inserting data into（將資料插入到）, 84
installing（安裝）, 80-82
Python integration（Python 集成）, 85-88
selecting data（選擇資料）, 84
Six Degrees of Wikipedia problem（維基百科的問題六度）, 90-92
specifying databases（指定資料庫）, 83

N

n-grams, 110, 121
name.get_text()（name.get_text）, 14
natural language analysis（自然語言分析）
  applications for（應用程序）, 120
  Markov models（馬爾可夫模型）, 124-130
  n-grams, 110
  Natural Language Toolkit（自然語言工具包）, 130-137
  resources for learning（學習資源）, 137
  summarizing data（匯總資料）, 121-124
Natural Language Toolkit (NLTK)（自然語言工具包（NLTK））
  history of（的歷史）, 130
  installing（安裝）, 130
  lexicographical analysis using（使用辭書分析）, 133
  machine learning vs. machine training（機器學習與訓練機）, 136
  speech identification using（使用語音識別）, 135
  statistical analysis using（利用統計分析）, 131
  tagging system used by（標籤所用系統）, 134
NavigableString objects（NavigableString 物件）, 18
network connections（網路連接）
  exception handling（例外處理）, 9-12, 32, 37, 40
  infrastructure overview（基礎設施概述）, 2
  role of web browsers in（網路瀏覽器中的作用）, 3
  urlopen command（的 urlopen 命令）, 3
  newline character（換行符）, 112
next_siblings()（next_siblings）, 20
None objects（物件）, 10
normalization（正規化）, 114-115
NumPy (Numeric Python) library（NumPy 的（數字 Python）的庫）, 180

O

OpenRefine（OpenRefine）
  data transformation（資料轉換）, 118
  documentation（文件）, 119
  filtering data with（用過濾資料）, 117
  history of（的歷史）, 115
  installing（安裝）, 116
  using（運用）, 116
OpenRefine Expression Language（OpenRefine 表達式語言）, 118
optical character recognition (OCR)（光學字符識別（OCR））, 177, 178
outbound links（鏈接）, 38

P

page-rank algorithm（網頁排名算法）, 125
page_source function（page_source 函式）, 153
parallel web crawling（並行 Web 爬行）
  benefits of（的好處）, 218
  multiprocess crawling（多行程爬行）, 227-233
  multithreaded crawling（多執行緒爬行）, 219-227
processes vs. threads（行程與執行緒）, 218
parent elements, navigating（父元素，導航）, 21
parse. start_requests, 62
parsing（解析））
  accessing attributes（存取屬性）, 26
  avoiding advanced HTML parsing（避免了先進的 HTML 解析）, 13
  common website patterns（常見的網站模式）, 48
  find function（函式）, 15-18, 48
  find_all function（find_all 函式）, 14-18, 48
  JSON（JSON）, 165
  lambda expressions and（lambda 表達式和）, 27
  objects in BeautifulSoup library（在 BeautifulSoup 庫物件）, 18

PDF-parsing libraries（PDF- 解析庫）, 104
selecting parsers（選擇解析器）, 8
tree navigation（樹導航）, 18-22
using HTML elements（使用 HTML 元素）, 14
using HTML tags and attributes（使用 HTML 標記和屬性）, 15-18
using regular expressions（使用正則表達式）, 22-26
patents（專利）, 240-243
PDF (Portable Document Format)（PDF（可移植文件格式））, 104-105, 164
PDFMiner3K（PDFMiner3K）, 104
Penn Treebank Project（專案）, 134
Perl（Perl 的）, 26
PhantomJS（PhantomJS）, 151, 156
physical addresses（物理地址）, 161
Pillow library（庫）, 177, 182
pins（銷）, 149
pip (package manager)（PIP（包管理器））, 5
POST requests（POST 請求）, 139, 162
pos_tag function（pos_tag 函式）, 136
preprocessing（預處理）, 181
previous_siblings()（previous_siblings）, 21
Print This Page links（打印此頁鏈接）, 14
processes, vs. threads（過程中，與執行緒）, 218
Processing module（處理模組）, 227
protected keywords（保護關鍵字）, 16
proxy servers（代理伺服器）, 237
pseudorandom numbers（偽隨機數）, 31
punctuation characters, listing all（標點符號，列出所有）, 114
PUT requests（PUT 請求）, 162
PySocks module（PySocks 模組）, 237
pytesseract library（pytesseract 庫）, 178-180, 182
Python
calling Python 3.x explicitly（調用 Python 3.x 都有明確）, 4, 5
common RegEx symbols（常見的正則表達式符號）, 24
global interpreter lock (GIL)（全局解釋鎖（GIL））, 219
image processing libraries（圖像處理庫）, 177-180
JSON-parsing functions（JSON 的解析函式）, 165
multiprocessing and multithreading in（多處理和多執行緒的）, 218
MySQL integration（MySQL 的整合）, 85-88
PDF-parsing libraries（PDF- 解析庫）, 104
pip (package manager)（PIP（包管理器））, 5
Processing module（處理模組）, 227
protected keywords in（在受保護的關鍵字）, 16
PySocks module（PySocks 模組）, 237
python-docx library（蟒蛇，DOCX 庫）, 105
random-number generator（隨機數發生器）, 31
recursion limit（遞？限制）, 35, 40
Requests library（請求庫）, 138, 198
resources for learning（學習資源）, xii
_thread module（_Thread 模組）, 219
treading module（模組）, 225-227
unit-testing module（單元測試模組）, 207-212, 215
urllib library（urllib 的函式庫）, 4, 37
urlopen command（的 urlopen 命令）, 3
virtual environment for（虛擬環境）, 6
Python Imaging Library (PIL)（Python 圖像庫（PIL））, 177

Q

questions and comments（問題和意見）, xiv
queues（佇列）, 222-225, 230

R

race conditions（競爭狀況）, 221-225
radio buttons（單選按鈕）, 141
random-number generator（隨機數發生器）, 31
reCAPTCHA（驗證碼）, 189

recursion limit（遞？限制）, 35, 40
recursive argument（遞？參數）, 15
redirects, handling（重定向處理）, 37, 157
Regex Pal（正則表達式帕爾）, 24
registration bots（註冊機器人）, 193
Regular Expressions (RegEx)（正則表達式（正則表達式））
  BeautifulSoup library and（BeautifulSoup 函式庫）, 26
  commonly used symbols（常用符號）, 24
  identifying email addresses with（識別與電子郵件地址）, 25
  language compatibility with（與語言兼容性）, 26
  overview of（的概述）, 22
  removing escape characters with（與刪除轉義字符）, 112
  writing from scratch（從頭開始編寫）, 26
regular strings（經常串）, 23
relational data（關係型資料）, 80
remote hosting（遠程主機）
  from the cloud（從雲）, 239
  from website-hosting accounts（從網站託管賬戶）, 238
  speed improvements due to（速度的提高是由於）, 237
remote servers（遠程伺服器）
  avoiding IP address blocking（避免 IP 封鎖）, 235-237
  benefits of（的好處）, 234
  portability and extensibility offered by（可移植性和可擴展所提供）, 236
  proxy servers（代理伺服器）, 237
Request objects（申請物件）, 62
Requests library（請求庫）, 37, 138, 198
reserved words（保留字）, 16
resource files（資源文件）, 4
result links（結果鏈接）, 51
Reverse Geocoding API（反向地址解析 API）, 150
Robots Exclusion Standard（機器人排除標準）, 245
robots.txt files（robots.txt 文件的）, 245
Rule objects（物件）, 65
rules, applying to spiders（規則，適用於蜘蛛）, 63-68

S

safe harbor protection（安全港保護）, 242
scrapping traps, avoiding（陷阱，避免）
  common form security features（常見的安全函式）, 202-204
  ethical considerations（倫理方面的考慮）, 196
  human checklist（人清單）, 204
  IP address blocking（IP 封鎖）, 235
  looking like a human（看起來像一個人）, 197-202
Scrapy library（Scrapy 庫）
  asynchronous requests（異步請求）, 70-73
  benefits of（的好處）, 60
  code organization in（代碼組織）, 64
  CrawlSpider class（CrawlSpider 類）, 63
  documentation（文件）, 66, 74
  installing（安裝）, 60
  LinkExtractor class（LinkExtractor 類）, 65
  logging with（與記錄）, 73
  organizing collected items（組織收集的項目）, 68-70
  Python support for（對於 Python 支持）, 60
  spider initialization（初始化）, 61
  spidering with rules（規則）, 63-68
  support for XPath syntax（對於 XPath 語法的支持）, 155
  terminating spiders（終止）, 65
  writing simple scrapers（寫一個簡單的程序）, 62
screen scraping, ix（屏幕抓取，九）
search, crawling websites through（通過搜索，抓取網站）, 51-54
security features（安全函式）
  hidden input field values（隱藏的輸入字段值）, 202
  honeypots（蜜罐）, 203

select boxes（選擇框）, 141
select function（選擇函式）, 48
Selenium（ ）
action chains in（行動連鎖）, 213
alternatives to（替代品）, 160
benefits of（的好處）, 151, 166, 204
drag-and-drop interfaces and（拖和拖放界面和）, 214
drawbacks of（的缺點）, 166
implicit waits（隱等待）, 154
installing（安裝）, 152
screenshots using（使用屏幕截圖）, 215
selection strategies（選擇策略）, 155
selectors（選擇）, 152
support for XPath syntax（對於 XPath 語法的支持）, 155
.text function（函式的 .text）, 153
WebDriver object（物件的 webdriver）, 152
webdrivers for（webdrivers 為）, 156
website testing using（使用網站測試）, 212-216
server loads（伺服器負載）, 28-29, 244
server-side languages（伺服器端語言）, 147
server-side redirects（伺服器端重定向）, 37
session function（函式）, 144
sibling elements, navigating（兄弟元素，導航）, 20
single domains, traversing（單域，穿越）, 28-32
site maps, generating（站點地圖，生成）, 33
Six Degrees of Wikipedia problem（維基百科的問題六度）, 28, 90-92, 128-130
SMTP (Simple Mail Transfer Protocol)（SMTP（簡單郵件傳輸協議））, 93
speed, improving（速度，提高）, 71, 201, 237
spiders（蜘蛛）
applying rules to（適用規則）, 63
initializing（初始化）, 61
naming（命名）, 62
terminating（終止）, 65
spot instances（實例）, 239
start_requests（start_requests）, 62
string.punctuation（string.punctuation）, 114
string.whitespace（string.whitespace）, 114
summaries, creating（摘要，創建）, 121-124
surface web（表面網）, 33

T

Tag objects（標籤物件）, 14, 18
Terms of Service agreements（服務條款協議）, 243, 245
Tesseract library（函式庫）
automatic image adjustment（自動圖像調整）, 183
benefits of（的好處）, 178-180
cleaning images with Pillow library（清潔圖像與枕頭庫）, 182
documentation（文件）, 193
installing（安裝）, 178
NumPy library and（NumPy 的函式庫）, 180
purpose of（目的）, 177
pytesseract wrapper for（pytesseract 包裝器）, 179
sample run（樣品運行）, 181
scraping images from websites with（從網站抄襲圖片）, 186
training to read CAPTCHAs（讀取驗證碼）, 190-193
Tesseract OCR Chopper（OCR）, 190
test-driven development（測試驅動開發）, 206
tests（測試）
unit tests（單元測試）, 207
unittest module（單元測試模組）, 207-212, 215
using Selenium（使用 Selenium）, 212-216
text argument （文字參數）, 16
text files（文字文件）, 97-102
.text function（函式的）, 153
text-based images（基於文字的圖像）, 177
_thread module（_Thread 模組）, 219
threading module（執行緒模組）, 225-227
threads, vs. processes（執行緒，與流程）, 218
time.sleep（time.sleep）, 201, 221
titles, collecting（標題，收集）, 35

Tor（The Onion Router network）（TOR（洋蔥路由器網路））, 236
trademarks（商標）, 240-243
tree navigation（樹導航）
  dealing with children and descendants（對付孩子和後代）, 19
  dealing with parents（應付父母）, 21
  dealing with siblings（處理兄弟姐妹）, 20
  finding tags based on location with（基於與定位發現標籤）, 18
  making specific selections（作出具體的選擇）, 21
trespass to chattels（侵佔）, 243, 248
Turing test（圖靈測試）, 189
typographical conventions, xii

U

undirected graph problems（無向圖問題）, 128
undocumented APIs（無文件的 API）
  finding（發現）, 167
  finding and documenting automatically（找到並自動記錄）, 169-172
  identifying and documenting（確定和記錄）, 169
  reasons for（的原因）, 166
Unicode Consortium（Unicode 協會）, 98
Unicode text（Unicode 文字）, 86, 112
unit tests（單元測試）, 207
universal language-encoding（通用語言編碼）, 99
URLError（URLError）, 10
urllib library（urllib 的函式庫）
  documentation（文件）, 4
  redirects handling（處理重定向）, 37
urllib.request.urlretrieve（urllib.request.urlretrieve）, 75
urlopen command（的 urlopen 命令）, 3, 4
User-Agent header（User-Agent 頭）, 199
UTF-8（UTF-8）, 88, 98

V

virtual environments（虛擬環境）, 6

W

web browsers（網頁瀏覽器）
  inspection tool（檢測工具）, 141, 167
  resource file handling（資源文件處理）, 4
  role in networking（在網路中的作用）, 3
web crawlers（網路爬蟲）
  automated website testing using（使用自動化測試網站）, 206-216
  bandwidth considerations（帶寬的考慮）, 28
  cautions against unsavory content（針對令人討厭的內容注意事項）, 38
  crawling across the internet（在互聯網上爬行）, 37-40
  crawling entire sites with（爬行與整個網站）, 32-35
  crawling single domains with（爬行單域）, 28-32
  data gathering using（使用資料收集）, 35-37, 95-108
  defined, x（定義，X）, 28
  for non-English languages（對於非英語語言）, 100
  frameworks for developing（開發框架）, 60
  improving speed of（提高速度）, 71, 201, 237
  nouns vs. verbs and（名詞與動詞和）, 136
  parallel web crawling（並行 Web 爬行）, 218-233
  planning questions（規劃問題）, 38, 58, 251
  scraper blocking（爬板阻塞）, 70, 196
  scraping remotely with（與遠程爬）, 234-239
  tips to appear human-like（提示出現類似人類的）, 197-202, 204
  writing more stable and reliable（書寫更加穩定可靠）, 14, 51
web crawling models（網路爬蟲模型）
  crawling multiple page types（爬行多頁類型）, 57-58

crawling sites through links（爬行通過鏈接網站）, 54-57
crawling sites through search（爬行網站通過搜索）, 51-54
dealing with different website layouts（應對不同的網站佈局）, 46-51
planning and defining objects（規劃和定義物件）, 44-46
planning questions（規劃問題）, 58
unique challenges handled by（所處理的獨特挑戰）, 43
web development（Web 開發）, 206
web forms（網頁表單）, 139, 202
web harvesting, ix（Web 收割，九）
web scraping (see also legal and ethical issues)（網頁抓取（見法律和道德問題））
avoiding scraping traps（避免爬陷阱）, 196-205, 235
basic steps（基本步驟）, 2
benefits of, x（的，好處 X）
confusion over, ix（過去，九混亂）
defined, ix（定義，九）
future of（未來）, 251
overview of, x（中，X 概述）
payout vs. investment（支出與投資）, 1
using remote servers and hosts（使用遠程伺服器和主機）, 234-239
web-hosting providers（網路託管服務提供商）, 238
WebDriver object（物件的 webdriver）, 152
Website class（網站類）, 49, 52
website layouts（網站佈局）, 46-51
well-formatted text, processing（良好的格式化文字，處理）, 180-189
Wikimedia Foundation（維基媒體基金會）, 29
Word files（Word 文件）, 105-108
word_tokenize（word_tokenize）, 131

X

XPath (XML Path) language（的 XPath（XML 路徑）語言）, 155

關於作者

Ryan Mitchell 是波士頓 HedgeServ 的資深軟體工程師，她為公司開發 API 與資料分析工具。她畢業於 Olin College of Engineering，取得資工學位與 Harvard University Extension School 的認證。她曾任職於 Abine，以 Python 開發爬行程序與自動化工具。她為零售、金融、醫療等產業提供網站擷取專案的顧問服務，並曾在 Northeastern University 與 Olin College of Engineering 擔任課程顧問和兼職教員。

出版記事

《網站擷取｜使用 *Python*》封面的動物是南非穿山甲（*Smutsiatemminckii*）。穿山甲是獨居夜行動物，與犰狳、樹懶、食蟻獸屬於相近的種族。牠們可以在南非和東非找到。

非洲還有另外三種穿山甲，全部都被歸類為極危（即將絕滅）物種。

成熟的南非穿山甲體型長達 30 到 100 公分、重量 1.5 到 33 公斤。牠們跟犰狳很像，身體上覆蓋著保護的鱗片，可能是黑色、淡棕色或橄欖綠色。未成熟的穿山甲鱗片會偏向粉紅色。在受到威脅的時候，牠們尾巴的鱗片可以成為攻擊武器，用以割傷攻擊者。穿山甲也有類似臭鼬的防衛策略，能夠從接近肛門的腺體分泌帶有惡臭的酸液，不僅可以用來警告攻擊者，也能幫助穿山甲標記自己的勢力範圍。穿山甲的腹部沒有鱗片，但是長了一些毛。

穿山甲跟食蟻獸相似的是，牠們的捕食對象包含螞蟻、白蟻。牠們有很長的舌頭，以便從木頭、蟻丘掃出大餐。牠們的舌頭比身體還長，在休息的時候可以收進胸腔裡。

雖然它們是獨行動物，但一旦成熟之後，牠們會住在深入地面的洞穴裡。這些洞穴常常之前屬於非洲食蟻獸或是疣豬，穿山甲只是接收被放棄的洞穴而已。不過牠們的前腳有三個既長且彎曲的爪子，所以在需要的時候自己挖洞也沒問題。

O'Reilly 書籍封面上的許多動物都瀕臨絕滅；牠們對世界來說都很重要。若您想知道能做什麼來幫助這些動物的話，可以參訪 *animals.oreilly.com*。

封面影像來自《*Lydekker's Royal Natural History*》。

網站擷取｜使用 Python 第二版

作　　者：Ryan Mitchell
譯　　者：楊尊一
企劃編輯：蔡彤孟
文字編輯：詹祐甯
設計裝幀：陶相騰
發 行 人：廖文良

發 行 所：碁峰資訊股份有限公司
地　　址：台北市南港區三重路 66 號 7 樓之 6
電　　話：(02)2788-2408
傳　　真：(02)8192-4433
網　　站：www.gotop.com.tw
書　　號：A552
版　　次：2018 年 10 月初版
　　　　　2024 年 07 月初版十九刷
建議售價：NT$580

國家圖書館出版品預行編目資料

網站擷取：使用 Python / Ryan Mitchell 原著；楊尊一譯. -- 初版.
-- 臺北市：碁峰資訊, 2018.10
面；　公分
譯自：Web Scraping with Python：collecting data from the modern web, 2nd Edition
ISBN 978-986-476-926-1(平裝)
1.Python(電腦程式語言)　2.資料探勘　3.資料蒐集
312.32P97　　107015782

本書是根據寫作當時的資料撰寫而成，日後若因資料更新導致與書籍內容有所差異，敬請見諒。若是軟、硬體問題，請您直接與軟、硬體廠商聯絡。